KAMPENWAND
VERLAG

IMPRESSUM

ISBN: 978-3-96111-303-3

Raiffeisenstr. 4 · D-83377 Vachendorf
www.kampenwand-verlag.de

Versand & Vertrieb durch Nova MD GmbH
www.novamd.de · bestellung@novamd.de · +49 (0) 861 166 17 27

Text: Hans Löwer · www.deingruen.de
Druck: WIRmachenDRUCK GmbH · Mühlbachstraße 7 · 71522 Backnang
Fotos: Hans Löwer · ©antpkr / Shutterstock · ©Dean Drobot / Shutterstock · ©Africa Studio / Shutterstock · ©l i g h t p o e t / Shutterstock · ©Jurga Jot / Shutterstock · ©Anna Om / Shutterstock · ©NOPPHARAT789 / Shutterstock · ©Elena Elisseeva / Shutterstock · ©Alexander Raths / Shutterstock · ©aimful / Shutterstock · ©Iko / Shutterstock · ©Varavin88 / Shutterstock · ©SingjaiStocker / Shutterstock · ©Fahkamram / Shutterstock · ©BigTunaOnline / Shutterstock · ©asife / Shutterstock · ©michaeljung / Shutterstock · ©Artazum / Shutterstock · ©iratxe_lopez / Shutterstock · ©bluedog studio / Shutterstock · ©Paul Maguire / Shutterstock · ©iravgustin / Shutterstock · ©Subbotina Anna / Shutterstock · ©SingjaiStocker / Shutterstock · ©Stock-Asso / Shutterstock · ©DimaBerlin / Shutterstock · ©Rudchenko Liliia / Shutterstock · ©BK foto / Shutterstock · ©rangizzz / Shutterstock · ©TONGCHAI Photographer / Shutterstock

Druck:
FINIDR, s.r.o. . L.pov. 1965, 737 01 Český Těš.n, Česk. republika

RASEN NEUANLAGE & PFLEGE

Hans Löwer

Der Praxis-Leitfaden von der Planung bis zur Sanierung

Vorwort 9

TEIL A:
NEUANLAGE **11**

1. PLANUNG **15**

2. VORARBEITEN **21**

2.1 Brunnen oder Zisterne? 21
2.2 Grobplanum 21
2.3 Bewässerung 24
2.4 Mähkante 30
2.5 Wege & Funktionsplätze 32

3. MIT DEM BODEN FÄNGT ES AN **35**

3.1 Bodenarten 37
3.2 Bodengefüge 40
3.3 Bodenverbesserung 41
3.4 Bodenuntersuchung 46
3.5 Bodenvorbereitung 47
3.6 Maulwurfsperre 50

4. WELCHER RASEN SOLL ES SEIN? **53**

4.1 Gräserarten 55
4.2 Zierrasen 56
4.3 Gebrauchsrasen 57
4.4 Schattenrasen 58
4.5 Blumenwiese 59
4.6 Landschaftsrasen 60
4.7 Nachsaatmischungen 60
4.8 Sonderformen 61
4.9 Raseneinsaat oder Fertigrasen? 62

5. RASENEINSAAT **69**
5.1 So wird's gemacht 69
5.2 Und dann? 73

6. FERTIGRASEN **77**
6.1 So wird's gemacht 80
6.2 Und dann? 85

TEIL B: RASENPFLEGE **89**

7. BEWÄSSERUNG **91**
7.1 Wie viel Wasser braucht das Gras? 91
7.2 Bewässerungstechnik 94
7.3 Woher kommt das Wasser? 99

8. RASEN MÄHEN **103**
8.1 Richtig mähen 103
8.2 Rasenmäher - der Richtige 108
8.2.1 Spindelmäher 108
8.2.2 Sichelmäher 110
8.2.3 Mähroboter 112
8.2.4 Mulchmäher 116
8.2.5 Balkenmäher 119
8.2.6 Hand-, Elektro- oder Benzinmäher? 120
8.3 Wohin mit dem Schnittgut? 124

9. DÜNGUNG **129**
9.1 Grundlagen 129
9.1.1 PH – Wert 129
9.1.2 Salzgehalt 133

9.1.3 Bodenpufferung 134

9.1.4 Organisch oder mineralisch Düngen? 135

9.2 Die Hauptnährstoffe 136

9.2.1 Stickstoff 137

9.2.2 Phosphor 140

9.2.3 Kali 140

9.2.4 Kalk 141

9.2.5 Spurenelemente 142

9.3 Im Sumpf der Düngerregale 143

9.4 Wann - was - wie viel - wozu? 144

9.4.1 Düngehilfen 148

10. VERTIKUTIEREN 153

10.1 Geräte 153

10.2 So wird's gemacht 156

10.2.1 Routinepflege 156

10.2.2 Begleitende Maßnahmen 160

10.2.3 Verjüngung 162

11. AERIFIZIEREN 165

11.1 Geräte 165

11.2 So wird's gemacht 166

12. WILDKRÄUTER, MOOS 169

12.1 Unerwünschte Kräuter 170

12.1.1 Rosetten bildende Kräuter 171

12.1.2 Ausläufer treibende Kräuter 174

12.1.3 Moos 177

12.2 Mechanische Kräuterbekämpfung 179

12.3 Chemische Kräuterbekämpfung 182

12.3.1 Totalherbizide 184
12.3.2 Selektivherbizide 185
12.4 Oder keine Bekämpfung? 187
12.5 Stärkungsmittel 189

13. RASENSCHÄDEN **193**
13.1 Algen 193
13.2 Pilzkrankheiten 194
13.2.1 Ursachen abstellen - die beste Vorbeugung 195
13.2.2 Die häufigsten Pilzkrankheiten: 196
13.3 Tierische Schädlinge 201
13.3.1 Ameisen 201
13.3.2 Regenwürmer 203
13.3.3 Wühlmäuse 204
13.3.4 Maulwürfe 206
13.3.5 Larven 207
13.3.6 Noch zwei Tipps 208

14. RASENSANIERUNG OHNE UMBRUCH **211**
14.0.1 Die Bodenverhältnisse müssen stimmen. 212
14.0.2 Vorarbeiten 214
14.0.3 Bodenverbesserungsmittel aufbringen 215
14.0.4 Einsaat 216
14.1 ...und los! 217

15. ANHANG **219**
15.0.1 Über den Autor 220

Als Praktiker vermittelt er sein Wissen
und seine langjährige Erfahrung in
Rasenseminaren - unabhängig von Sponsoren,
Herstellern oder Vertriebsagenturen.

VORWORT

Liebe Leserin, lieber Leser,

Finden Sie sich zurecht im Dschungel der Angebote mit schönen Fotos, wohlklingenden Namen und großen Versprechungen? Mit dem vorliegenden Rasenbuch will ich Ihnen einen Überblick geben und Ordnung schaffen bei dem riesigen Angebot von Düngern, Rasenmähern und Hilfsmitteln.

Mein Ziel war es, einen kompakten Ratgeber anzubieten, der Ihnen alles Wichtige über Ihren Rasen sagt, nichts Überflüssiges. Ein praxistaugliches Nachschlagewerk, unabhängig von Rasenmäher-, Gartengeräte- oder Düngemittelherstellern. Denn wer im Sinn hat, die Umsatzzahlen hochzutreiben, kann nicht glaubwürdig beraten.

Seien Sie bitte geduldig, wenn ich gelegentlich genau beschreibe, was Sie schon längst wissen. Ich möchte für jeden schreiben und muss daher manchmal etwas ausholen. Ich freue mich natürlich über jede Art sachlicher Kritik. Bei allen Ratschlägen und Rezepten möchte ich auch auf die ökologische Seite eingehen. Das heißt nicht, dass ich Chemie im Garten generell ablehne. Oft erreichen wir unser Ziel aber einfach mit der richtigen Düngung, mit häufigerem Vertikutieren oder wir überdenken unser Ziel: Dürfen Gänseblümchen und Löwenzahn vielleicht doch im Rasen mitleben?

Ich wünsche Ihnen beim Lesen viele Aha-Erlebnisse und bei der Neuanlage und Pflege Ihres Rasens viel Erfolg!

Ihr Hans Löwer

TEIL A: NEUANLAGE

■ WARUM RASEN?

Stellen Sie sich vor, sie sitzen in einem kahlen Innenhof. Alles ist betoniert, die Wände grau. Oder Sie sitzen entspannt auf Ihrem grünen Rasen, rings um mit Bäumen und Sträuchern bewachsen. Wo werden Sie sich wohler fühlen? Ich glaube, Ihre Antwort zu kennen. Natürlich im Garten. Grün entspannt eben.

Worauf führen wir das zurück? Dafür gibt es einige Gründe. Zunächst sorgen Rasen und Pflanzen allgemein für eine angenehme Atmosphäre. Es ist einfach entspannender, im Grünen zu sitzen. Ein Wohngarten sorgt, je nach Blattmasse unterschiedlich, für ein angenehmes Kleinklima. Sicher haben auch Sie schon die Erfahrung gemacht, dass es im Wald kühler ist als in der Stadt, jedenfalls im Hochsommer.

IM KLEINEN IST ES AUCH SO:

Der Sitzplatz auf dem Rasen am Gartenrand fühlt sich klimatisch angenehmer an, als der Sitzplatz im betonierten Innenhof. Biologisch ist dieser Vorgang einfach erklärt: Es ist die Verdunstungskälte, die extrem hohe Temperaturen absenkt. Die Nutzungsmöglichkeiten unseres Rasens sind schier unendlich. Toben, Golf spielen, feiern, dösen, sich amüsieren, alles ist möglich – nur eben angenehmer als auf Beton.

Ganz nebenbei wächst Ihr Garten ins Geld: Nach Einschätzung der Trendforscher „Kairos Future“ wächst der Wert einer Immobilie durch einen gepflegten Garten um durchschnittlich 18%. Alleine die Fläche von 250 m² gesundem Rasen produziert während der Wachstumsphase Sauerstoff für eine vierköpfige Familie. Na, ist das was? Es kommt noch schöner: Rasen ist ein sehr wirksamer Luftfilter und bindet jede Menge Feinstaub.

Fast alle unversiegelten Flächen beherbergen unzählige Kleintiere und Mikroorganismen, eine Blumenwiese natürlich mehr als ein perfekt gepflegter Rasen. Für uns zählt im Allgemeinen nur das, was wir sehen. Aber die winzigen Mikroorganismen im Boden, die wir nicht sehen können, übertreffen an Lebendgewicht bei weitem die Kleintiere wie Regenwurm, Ameise oder Käfer. So ist selbst ein gepflegter Rasen ökologisch wertvoll. Sind Sie jetzt überzeugt, dass uns ein Rasen oder eine Wiese in vieler Hinsicht

Rasen zum Wohlfühlen.

Nutzen bringt? Klar, sonst hätten Sie dieses Buch nicht gekauft. Dennoch: Solche Fakten darf man sich gelegentlich schon mal in Erinnerung rufen. Aber jetzt zum ersten Teil, der Neuanlage von Rasenflächen.

So läuft es leider viel zu oft ab: Das Haus ist neu bezogen, die Gartenbesitzer wollen in kürzester Zeit einen schönen Garten haben. Und wenn Geld keine Rolle spielt und es rasch gehen muss, darf es sogar Fertigrasen sein. Schnell noch ein paar Sträucher an die Ränder und im Nu ist der Garten grün. Das kann sogar gut gehen - mit Glück. Oft aber kommt die Enttäuschung nach wenigen Monaten: Der Rasen vergilbt, wird lichter, die ersten Unkräuter und Moose zeigen sich und überhaupt: Irgendwie fühlt man sich nicht so richtig wohl.

Wussten Sie, dass 80 % der neu angelegten Gärten gerade mal fünf Jahre alt sind? Ihnen soll das nicht passieren. Deshalb gehen Sie systematisch vor und planen Ihren Garten von Anfang an.

13,62
18,21

1. PLANUNG

Natürlich kann ich Ihnen in diesem Buch kein Planungsseminar geben. Schließlich geht es um den Rasen. Deshalb nur die wichtigsten Gedanken:

■ ALS ERSTES DIE FUNKTIONSFLÄCHEN

Überlegen Sie sich, wie Sie den Garten nutzen. Sie möchten eine Spielecke für die Kinder, einen kleinen Grillplatz, die Wäschespinne soll nicht so weit vom Haus weg und dennoch nicht stören. Die Kräuterecke kommt möglichst nahe an die Terrasse und der Nutzgarten in den hinteren Gartenteil. Ach ja, einen kleinen Weg brauchen Sie auch noch. Schließlich wollen Sie zum Nutzgarten nicht ständig über den Rasen laufen.

Ihre Wünsche sind nun festgehalten. Jetzt übertragen Sie diese im Maßstab 1:100 auf Ihren Garten-Grundriss. Am besten machen Sie das, indem Sie einen farbigen Karton auf die richtige Größe zurechtschneiden. Den Gartengrundriss im gleichen Maßstab kopieren Sie aus den Bauplänen oder übertragen die gemessenen Daten.

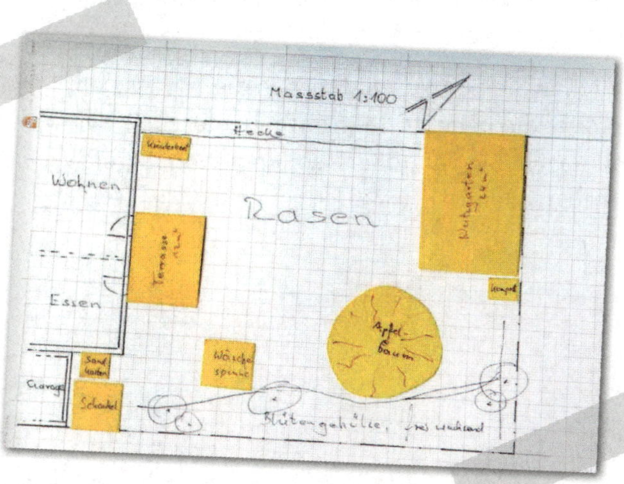

Skizze im Maßstab 1:100 mit geplanten Objekten zum Verschieben.

Bei einer Wäschespinne z.B. von 2 × 2 Meter schneiden Sie ein Stück Karton von 2 × 2 cm aus. Genau so geschieht es mit dem Grillplatz, der Spielecke und was immer Sie sonst noch brauchen. Behalten Sie auch den Lauf der Sonne im Auge und schieben Sie die Funktionsflächen so lange hin und her, bis sie mit Ihrem Gerüst zufrieden sind.

Rasen vermittelt Weite. Deshalb gestalten Sie ihn als möglichst zusammenhängende Fläche. Wege und Böschungen, Mauern und Utensilien, die die Rasenfläche durchschneiden, wirken unharmonisch. Es kann sehr reizvoll sein, dem natürlichen Geländeverlauf nachzugehen und eine weiche, harmonische Geländemodellierung herauszuarbeiten.

■ **BÖSCHUNGEN** von mehr als 25 % Neigung, also größer als 25 cm Höhenunterschied je Meter, sind sowohl in der Nutzung als auch bei der Pflege problematisch. Sie wollen Ihren Rasen schließlich auch mähen und das wird nicht nur schwieriger, sondern auch ziemlich gefährlich mit zunehmendem Gefälle.

Also verlagern Sie notwendige Böschungen bei großer Geländeneigung lieber in die Randbereiche zugunsten einer besser nutzbaren Fläche. Diese Böschungen können Sie ohne bauliche Eingriffe im Verhältnis 2:1 abfangen und möglichst dicht bepflanzen, damit der Boden bei Starkregen nicht erodiert. Ein Rasengefälle bis zu 8% ist zumindest noch beschränkt nutzbar.

Wenn möglich, schließen Sie den Rasen direkt an die Terrasse an. Also ohne Treppen oder die beliebte Steingarten-Landschaft zwischen Terrasse und Rasen. Sie vergrößern so ihren Wohnbereich enorm, statt ihn einzugrenzen.

Terrasse - Rasen auf zwei Ebenen.
Nach der Umgestaltung eine Einheit.

■ EINZEL STEHENDE BÄUME, besonders Laubbäume, geben Ihrem Garten seinen besonderen Charakter. Selbst im kleinsten Reihenhausgarten hat ein kleinkroniger Laubbaum (zum Beispiel die Eberesche) noch Platz. Bäume sind das Gerüst Ihres Gartens.

Lassen Sie sich aber gut beraten, denn es gehört Erfahrung dazu, sich vorzustellen, wie sich verschiedene Baumarten auf Ihrem speziellen Boden entwickeln werden. Sonst passiert es Ihrem Hausbaum wie den meisten: Nach 15 oder 20 Jahren, wenn sie ihre Schönheit erst so richtig entfalten, werden sie gefällt, weil sie zu groß geworden sind.

Alte Baumbestände sind besonders wertvoll. Sie geben dem Garten Charme. Gelingt es, einen bestehenden Baum bei der Gartenplanung harmonisch zu integrieren, ist er Gold wert, gerade bei Neubauten. Jetzt fehlt nur noch die Rahmenbepflanzung an den Seiten.

Der Walnussbaum gibt dem Garten Charme und hält Insekten ab.

■ SICHTSCHUTZ

Als Nächstes planen Sie die übrige Bepflanzung. Im engen Reihenhausgarten werden Sie eher zu einer geschnittenen Hecke tendieren. Einen 80 cm breiten Heckenstreifen sollten Sie mindestens einkalkulieren. Wenn Sie mehr Platz zur Verfügung haben, ist natürlich eine freiwachsende Hecke aus gemischten Blütengehölzen wesentlich lebendiger. Da blüht immer etwas, Sie erleben die Jahreszeiten und die Vögel fühlen sich in den Laubhecken so richtig wohl. Allerdings kostet die freiwachsende Sichtschutzbepflanzung mit gemischten Gehölzen mehr Platz. Wenigstens zwei Meter Breite sollten Sie dafür vorsehen.

■ KLEINFLÄCHEN

Denken Sie auch an die spätere Pflege? Sehr kleine Rasenflächen bedeuten einen überproportional hohen Pflegeaufwand. Vielleicht können Sie die Fläche nicht einmal richtig nutzen? Ein schmales Handtuch von einem Meter Breite zum Beispiel am Hauseingang oder eine schattige Ecke neben der Garage sind meist Problemzonen bei Rasenflächen. Für solche Plätzchen bietet sich eine lebendige Dauerbepflanzung mit bunten Stauden und niedrigen Gehölzen an. So machen Sie „Restflächen" zum Blickfang.

2. VORARBEITEN

Viel Rasen wird neu angelegt und im selben Jahr wieder aufgegraben, weil man zum Beispiel die Stromleitung für die Gartenbeleuchtung vergessen hat. Gehen Sie am besten in der beschriebenen Reihenfolge vor, denn eines hängt vom anderen ab. Sie werden es gleich merken.

2.1 BRUNNEN ODER ZISTERNE?

Ein eigener Brunnen kann sich auch bei kleinen Reihenhaus-Gärten rechnen. Kalkulieren Sie sich das durch. Genaueres dazu, mit Rechenbeispielen, behandeln wir im Teil B unter „Bewässerung“. Falls Sie sich für einen Brunnen entscheiden, dann ist jetzt der richtige Zeitpunkt, ihn zu bohren oder eine Zisterne im Boden zu vergraben.

2.2 GROBPLANUM

Die Geländemodellierung, die Topographie, haben wir ja schon unter dem Punkt „Planung“ besprochen. Beim Grobplanum geht es um die Ausformung der Details. Keine Angst, es ist nicht so schwierig, aber es wird von den meisten Gartenfreunden unterschätzt. Sie legen nämlich den größten Wert auf ein fein aufbereitetes Saatbett und sehen gar nicht, dass vorher noch ganz viele kleine Buckel und Täler auszugleichen sind. Ich schaue mir das Gelände zuerst von weitem an, betrachte es dann von den Grenzen aus verschiedenen Blickwinkeln. Dabei lasse ich mir Zeit. Ich muss ein Gefühl für die Fläche und für mögliche Modellierungen bekommen. Dabei fallen mir auch kleinere Unebenheiten auf.

Hier muss auf ungefähr 10 qm noch eine Karre weg, dort fehlt noch was. Und ich gehe immer wieder zurück und schaue mir mein Werk mit Abstand an. Die Feinheiten kommen viel später.

Für die meisten Hobbygärtner ist es einfacher, den Boden bretteben zu planieren, als eine Fläche natürlich und harmonisch auszuformen. Nur selten findet man absolut ebene Flächen vor. Meist ist das natürliche Gelände geneigt oder es ergeben sich aufgrund der baulichen Situation unterschiedliche Höhen. Skizzieren Sie sich diese Höhen im Schnitt auf und spielen Sie damit. Das macht weniger Arbeit, als es drei mal mit der Schaufel umzugestalten. Selbst bei ebenem Gelände ist eine sanfte Modellierung reizvoll.

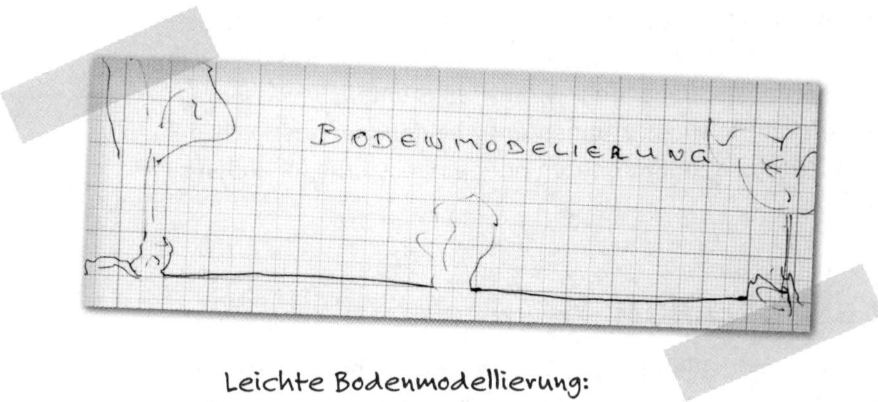

Leichte Bodenmodellierung:
rechte Seite „richtig" modelliert.

Oben sehen Sie zwei Beispiele in ebenem Gelände nebeneinander. Links steigt die Modellierung zur Mitte hin an. Rechts bildet die Fläche zur Mitte hin eine leichte Mulde. Was ist gefälliger? Ich denke, die Lösung rechts, weil sich die Fläche zur Mitte hin „sammelt“.

Die Anschlüsse und Böschungen sind oft Fallen. Wie Sie richtig planieren, sehen Sie an der Skizze und dem Foto unten.

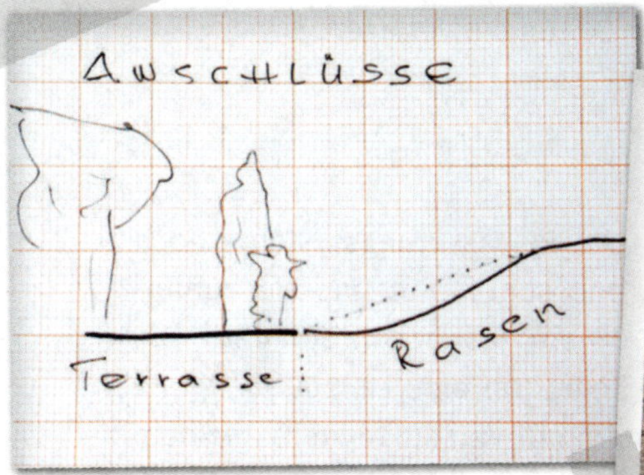

Geländeübergänge weich ausmodellieren.

Eine häufige Situation: Im Anschluss an die Terrasse wird der Rasen direkt zum neuen Niveau planiert (punktierte Linie, Skizze unten). Das wirkt unnatürlich und abgehackt. Führen Sie das Niveau der Terrasse für ein paar Zentimeter weiter und steigen dann in weicher Kurve an, wirkt Ihr Anschluss natürlich und harmonisch.

Das Foto oben rechts zeigt im Vordergrund die Fläche mit harten Übergängen, die sehr akkurat mit dem Bagger planiert wurden (schwer zu mähen). Im Hintergrund zur Terrasse hin ist die Böschung mit weichen Übergängen beispielhaft ausgeformt. Hier lässt sich der Rasen problemlos mähen.

Zum Schluss laufen Sie die ganze Fläche noch einmal ab. Gehen Sie dabei auch in die Hocke. So sehen Sie am ehesten, wo noch etwas zu tun ist. Schließlich legen Sie Ihren Rasen für viele Jahre an. Ein paar Steine müssen Sie jetzt noch nicht stören. Die können Sie später immer noch ablesen, wenn Sie fein planieren. Nun können Sie, falls notwendig, Ihre Leitungen verlegen.

2.3 BEWÄSSERUNG

Vor 30 Jahren waren automatische Bewässerungssysteme noch Spinnereien gut betuchter Zeitgenossen. Heute sind sie, zumindest bei größeren Flächen ab 200 qm, fast schon Standard. Die Kosten dafür sind gar nicht so hoch: Um eine ca. 200 m² große Fläche mit einem einfachen System mit Versenkregnern aus dem Baumarkt auszustatten, kalkulieren Sie ca. 200 bis 500 € Materialkosten. Für professionelle Systeme zahlen Sie schnell das Doppelte und mehr.

Getriebe-Versenkregner.

Bei automatischen Regelungen und größeren Anlagen empfehle ich Ihnen dringend, die Planung der Bewässerungsanlage dem Hersteller zu überlassen. So umgehen Sie das Risiko, dass zum Beispiel der Wasserdruck für die zwei oder drei Regner innerhalb eines Kreislaufs nicht ausreicht. Wenn dann wieder umdisponiert werden muss, verlieren sie Zeit, Geld und Nerven.

Sie können das gesamte System vollautomatisch steuern. Das funktioniert über Magnetventile in einem bodenbündig eingelassenen Steuerkasten. An jedem Magnetventil sind zwei bis drei Versenkregner angeschlossen (je nach Wasserdruck). Die Magnetventile werden über Schwachstrom von einer komfortabel zu bedienenden Steuereinheit geregelt. Um das Ganze noch perfekt zu machen, erkennen Regensensoren und / oder Feuchtigkeitssensoren im Boden, wann zu beregnen ist.

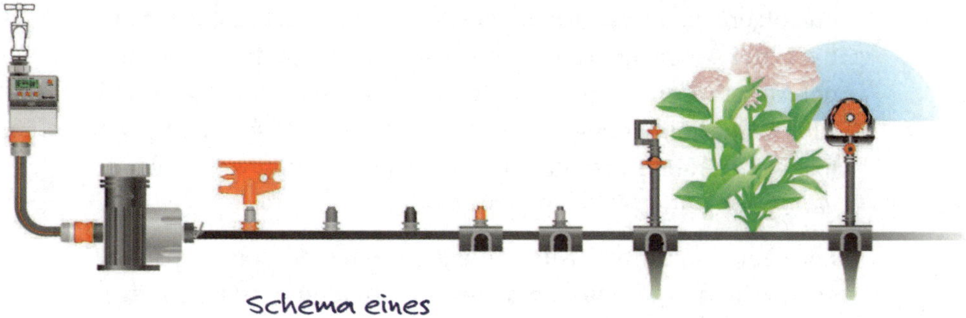

Schema eines Bewässerungssystems.
GRAFIK: GARDENA

■ NUN ZUR VERLEGUNG DES SYSTEMS

Irgendwo seitlich versteckt im Garten setzen Sie den Steuerkasten. Zum Steuerkasten hin brauchen Sie vom Haus aus oder von ihrem Brunnen im Garten eine Zuleitung. Ob Sie Magnetventile zur vollautomatischen Steuerung verwenden oder einfach nur getrennt regelbare Abzweige, spielt im Moment noch keine Rolle. Ich empfehle allerdings, vorsorglich schon eine Schwachstromleitung vom Haus zum Steuerkasten zu verlegen. Sonst graben Sie ggf. in einem Jahr wieder auf.

Die Gräben für die Leitungen müssen möglichst eben sein, d.h. eine gleichmäßige Tiefe von ca. 20 cm haben. Jetzt wird auch klar, weshalb das Grobplanum vor den Leitungen kommt. Hätten wir die Leitungen vor der Grobplanie verlegt, wäre eine unterschiedliche Abdeckung die Folge. Achten Sie darauf, dass keine Wassersäcke entstehen. In Senken müssen an der tiefsten Stelle Überdruckventile eingebaut werden, damit es im Winter nicht zu Frostschäden kommt. Überdruckventile, Regner und Wassersteckdosen setzen Sie auf mindestens 10 cm Kies.

Im folgenden Beispiel wird die Beregnung nachträglich eingebaut. Der Arbeitsablauf ist im Wesentlichen identisch. Rasensoden ausstechen - Sohle auf 20 cm planieren – von der Quelle zum Regner hin verlegen – Regner, Schlauch, Dosen mit Steinen fixieren – Graben verfüllen und verdichten – Rasensoden wieder verlegen – fertig.

Ein paar Tipps noch zum Verlegen: Rollen Sie die Kunststoffschläuche aus und lassen sie einige Stunden ausgerollt liegen. So machen Sie sich die Verlegearbeit wesentlich einfacher, denn der Kunststoff will immer wieder in seine gerollte Form zurück.

Den Kunststoffschlauch schneiden Sie mit einer Gartenschere. Bei den meisten Systemen geht die Montage ohne Werkzeuge. Den Grat an der Schnittstelle entfernen Sie mit einer Metallfeile, damit sich der Schlauch leicht in die Anschlussstücke schieben lässt.

Aushub ca. 20 cm - Dosen und Regner auf Kies - mit Steinen beschweren.

Setzen Sie Regner und Anschlussdosen einen Zentimeter über Rasenhöhe, damit der Rasen nach einigen Jahren die Regner nicht überwuchert.

Beschweren Sie den Schlauch alle paar Meter mit einem Stein, um ihn zu fixieren. Am Ende schließen Sie den Regner an und setzen ihn bündig mit der künftigen Rasenoberkante. Beim Verfüllen des Grabens achten Sie darauf, dass keine Steine an den Schlauch kommen. Und bitte gut verdichten, damit es später keine Setzungen gibt.

Keine Steine an den Schlauch! - Graben gut verdichten - Geschafft!

Haben Sie alle Regner angeschlossen und alle Kreisläufe geschlossen, geben Sie Druck auf die Leitung – eine nach der anderen. Dann kontrollieren Sie alle Verbindungen bis zum Regner, um sicherzustellen, dass das System auch wirklich dicht ist. Erst jetzt werden die Gräben verfüllt. Aber bitte nicht auf einmal. Sie können in der Regel nur 10 cm tief wirksam verdichten. Also verfüllen Sie ungefähr bis zur Hälfte, verdichten erst mal, füllen den Graben vollständig und verdichten abschließend wieder. Ansonsten gehen sie das Risiko späterer Setzungen ein; das sähe nicht sehr professionell aus.

■ WASSERANSCHLUSS

Der Gartenwasser-Anschluss ist üblicherweise in ½ Zoll ausgelegt. Bei zwei großen Regnern kommt die Zuleitung damit schon an ihre Grenzen. Auch zum Gießen mit einem Brausekopf ist eine höhere Kapazität sinnvoll, weil der Druck bei langer Zuleitung sehr schwach wird. Ich empfehle Ihnen wenigstens einen ¾ Zoll Anschluss, dann haben Sie mehr Reserve.

Stopp! Haben Sie etwas vergessen? Brauchen Sie noch die eine oder andere Wassersteckdose, um zum Beispiel im Nutzgarten zu wässern? Oder eine 220 Volt Leitung für den Elektrohäcksler am Kompostplatz? Vor dem Verfüllen überlegen Sie nochmal, ob vielleicht doch noch etwas in die Gräben zu verlegen ist. Jetzt ist die beste Gelegenheit.

Ich denke, das reicht fürs grobe Verständnis. Besonders bei großen Flächen und sandigen Böden macht so ein System durchaus Sinn, weil diese Böden schnell austrocknen und deshalb öfter beregnet werden müssen. Schwere Böden allerdings halten das Wasser gut, meist zu gut. Dennoch hat ein unterirdisch installiertes System den Vorteil, die Regner nicht immer wieder neu justieren und mit dem Schlauch hantieren zu müssen. Die Vor- und Nachteile der verschiedenen technischen Details besprechen wir später im Teil B bei den oberirdischen Bewässerungssystemen.

2.4 MÄHKANTE

Sicher kennen Sie das Problem: Entlang von Mauern, um Bäume herum oder bei anderen Hindernissen kommen Sie mit dem Rasenmäher nicht ganz heran. Solche Streifen schneiden Sie von Hand nach und das kostet Zeit.

Die Lösung ist eine einfache Mähkante. Sie trennt Rasenflächen von der Bepflanzung ab und ist gleichzeitig ein sauberer Abschluss. Sie fahren dann mit dem Mäher bequem auf der Mähkante entlang und ersparen sich das lästige Nachschneiden der Ränder.

Eine Mähkante erleichtert die Arbeit.

Spezielle Mähkantensteine in 10-15 cm Breite verlegen Sie einfach auf Splitt in der Körnung 2-5 mm (keinen Sand verwenden; den arbeiten die Ameisen gerne nach oben). Bei grobem Natursteinpflaster, 12 x 12 cm geht das auch noch. Aber kleines Mosaikpflaster sind besser in Mörtel mit einem tragfähigen Unterbau zu verlegen.

Mähkante auf Split verlegt

Nach dem Grobplanum haben Sie schon ungefähr die Fertighöhe des Rasens und damit auch die der Mähkante. Bei der Raseneinsaat ist die Oberkante Rasen und Mähstein gleich. Bei Fertigrasen wird der Mähstein zwei Zentimeter über dem Feinplanum verlegt, weil ja noch die Rasensoden verlegt werden.

Ab Fertighöhe heben Sie vier Zentimeter tiefer aus, als die Mähsteine hoch sind und verdichten den Streifen mit einem Handstampfer oder einem schweren Vorschlag-Hammer. Dann verlegen Sie die Mähsteine auf 4 cm Splitt. Kontrollieren Sie mit einer geraden Latte die Höhen, damit keine Hügelpiste entsteht. Mit dem Gummihammer klopfen Sie die Mähsteine fest. Feinheiten können Sie noch regulieren, indem Sie die Mähsteine unterfüttern, also einfach mit dem Hammerstiel noch etwas Split unterstochern.

2.5 WEGE & FUNKTIONSPLÄTZE

Massive, belastbare Wege werden im Allgemeinen noch vor der Grobplanie gebaut, damit der gelockerte Boden durch die Baumaschinen nicht wieder verdichtet wird. Alles andere kommt danach: Leichte Gehwege, Geräteschuppen, Grillplatz, Wäschespinne, Nutzgartenteil, Kinderspielecke usw. Ich will nicht im Einzelnen darauf eingehen. Unser Thema ist der Rasen. Aber einen Gedanken noch zu den oft verwendeten Trittplatten im Rasen.

Trittplatten aus Sandstein.

Trittplatten sind immer eine Notlösung. Sie verhindern zwar den Trampelpfad, aber sie sind nicht sehr benutzerfreundlich. Die Alternative ist ein 40 cm breiter Plattenpfad anstelle der Mähkante, also zwischen Pflanz- und Rasenfläche. Solch ein Pfad ist gut begehbar und gleichzeitig als Mähkante zu nutzen.

Bevor Sie jedoch Ihren Rasen in der Mitte mit einem Weg durchschneiden, sind Trittplatten dann doch die bessere Wahl. Sie fügen sich unauffälliger ein und durchschneiden die Rasenfläche nicht. Bei Trittplatten halten Sie das Schrittmaß von 63 cm ein. 40 cm breite Platten zum Beispiel haben dann einen Zwischenraum mit Rasen von 23 cm.

3. MIT DEM BODEN FÄNGT ES AN

Etwas Geduld, bitte...

Ich weiß, Sie haben ein Buch über Rasen gekauft und jetzt brauche ich alleine zehn Seiten, um Ihnen etwas über den Boden zu erzählen. Das hat jedoch einen guten Grund: Bei unbefriedigendem Rasen ist mangelhafter Boden die häufigste Fehlerquelle und sie ist nachträglich nur sehr begrenzt und mit hohem Aufwand zu verbessern. Gesunde, lebendige Böden sind nun mal die wichtigste Voraussetzung für gesundes Wachstum. Dann haben Sie garantiert Freude an Ihrem Garten. Ihren Pflanzen, einschließlich Rasen, wird man das ansehen.

Es gibt nur ein Bodenproblem, das später kaum noch zu reparieren ist: **DIE VERDICHTUNG!**

Nach der Maschinenplanierung und ggf. nach der Tiefenlockerung dürfen möglichst keine schweren Baumaschinen mehr auf das Grundstück. Hier wird, gerade durch Bauunternehmen, viel Schaden angerichtet. Für sie ist nur wichtig, die Baustelle sauber und „Außen schön planiert" zu verlassen.

Da wünsche ich mir mehr Verständnis und Umsicht im Umgang mit dem Boden, und zwar von den Bauunternehmen wie von den Architekten. Die vorherrschende Meinung ist: „Bäume, Sträucher und Rasen wachsen überall. Außerdem haben wir einen guten Boden aufgetragen".

Schwere Baumaschinen
mit Bedacht einsetzen!

In der Tat halten die meisten Gartenpflanzen eine Menge aus. Sie müssen es einfach. Aber Sie kennen sicherlich auch einige Fälle, wo die Sichtschutzhecke seit fünf Jahren mehr schlecht als recht dahinvegetiert, ohne nennenswertes Wachstum und mit vergilbten Blättern.

Im Nachbargarten ist die gleiche Bepflanzung schon dicht zusammengewachsen und üppig grün. Der Rasen sieht im ersten Garten meist nicht besser aus: kaum Wachstum, viel Unkraut, große Lücken und mehr gelb als grün. Da helfen auch kein Düngen und kein Tricksen. Woran liegt das?

Um das zu klären, müssen wir uns die Vorgänge im Boden etwas genauer betrachten und die wichtigsten Bodenarten besprechen.

3.1 BODENARTEN

Boden besteht aus Mineralien, organischen Bestandteilen, Luft und Wasser. Wir teilen die Böden nach ihrer Korngrößenzusammensetzung ein. Diese wiederum bestimmt den Wasser-, Luft-, Nährstoff- und Wärmehaushalt, sowie die Durchwurzelung und Bearbeitbarkeit.

Korngrößenzusammensetzung, Kapillarkraft, Bodenleben und pH-Wert bestimmen die Qualität eines Bodens. Diese Zusammenhänge zu verstehen, ist die Grundlage Ihres Erfolgs.

Von der Korngröße, also der Feinheit des Bodens, hängt seine **KAPILLARKRAFT** ab. Das ist die Kraft, die bewirkt, dass das Wasser im Boden nach oben steigt. Je feiner das Gefüge, um so höher die Kapillarkraft. Stellen Sie sich ein Spaghettiglas vor. Wir füllen es 10 cm hoch mit Wasser auf und füllen dann Sand ein. Das Wasser wird unten bleiben, der Sand oben. Er ist grobkörnig und hat deshalb keine Kapillarwirkung.

Den gleichen Versuch machen wir jetzt mit Ton. Was wird passieren? Der trockene Ton saugt das Wasser auf und zieht es nach oben. Wenn wir jetzt den Ton ein wenig drücken, also verdichten, steht das Wasser oben. Ton hat mikroskopisch kleines Korn und deshalb eine starke Kapillarwirkung.

Das Wasser im Spaghettiglas ist das Grundwasser. Was passiert, wenn sie nassen Tonboden betreten/belasten, wissen Sie aus Erfahrung.

Auch für den **NÄHRSTOFFHAUSHALT** ist die Korngröße ein entscheidender Faktor. Je feiner die Bodenart, umso größer ist seine innere Oberfläche. Ton hat eine Korngröße unter 0,002 mm und ist damit bis zu 1000 mal feiner als Sand. Ein Gramm Ton hat eine Oberfläche von 800 m², das ist kaum vorstellbar. Ein Gramm Sand dagegen hat eine Oberfläche von nur 0,1 m².

Warum ist das so wichtig zu wissen? Je größer die Oberfläche, umso mehr Nährstoffionen kann der Boden an sich binden und bei Bedarf wieder abgeben. In der Praxis heißt das, wenn Sie Sandboden düngen, werden die Pflanzen nur einen kleinen Teil der Nährstoffe sofort aufnehmen. Der Rest schwemmt ungenutzt ins Grundwasser und belastet die Umwelt. Ton dagegen kann in hohem Maße freie Nährstoffe an sich binden und bei Bedarf wieder an die Pflanze abgeben.

Um es zu vereinfachen, stelle ich Ihnen zunächst die beiden Gegenpole vor, von denen sich die Zwischenstufen ableiten lassen:

■ SAND

Sie erkennen Sandboden sehr einfach. Ist er trocken, rieselt er durch die Finger. Wenn wir ihn gießen, ist das Wasser im Nu versickert. Nehmen Sie feuchten Sand in die Hand und reiben ihn zwischen den Fingern, dann spüren Sie seine Grobkörnigkeit. Sand hat eine Korngröße zwischen 0,06 und 2 mm.

Vorteile: Sandboden ist besonders leicht zu bearbeiten. Er ist auch nach starkem Regen schnell getrocknet und deshalb fast immer begehbar. Wegen seiner groben Struktur lässt sich reiner Sand kaum verdichten und ist hervorragend durchlüftet. Nachteile: Er trocknet schnell aus und kann weder Nährstoffe noch Wasser an sich binden.

■ TON

Trockener, feinkrümeliger Tonboden sieht ziemlich harmlos aus und man ist versucht, sich keine weiteren Gedanken zu machen. Er staubt sehr bei der Bearbeitung. Der erste Hinweis auf seine feine Struktur.

Zum Test nehmen Sie den feuchten Boden zwischen die Hände und rollen ihn aus. Je feiner die Struktur, umso leichter lässt er sich rollen und formen. Reiben Sie Ton zwischen den Fingern, fühlt er sich seifig/schmierig an.

Dass Ton so gut Wasser halten kann, ist Segen und Fluch zugleich: Ist er nach einer Regenperiode mit Wasser vollgesaugt, dauert es wochenlang bei trockener Witterung und sommerlichen Temperaturen, bis er wieder zu bearbeiten ist. Ist er zu trocken, wird er hart, rissig und ist ebenfalls kaum zu bearbeiten. Die Landwirte sprechen deshalb von Minutenböden, weil sie genau den richtigen Zeitpunkt finden müssen, in dem der Boden bearbeitet werden kann.

Vorteile: Tonboden kann Wasser und Nährstoffe gut speichern und bei Bedarf wieder abgeben.

Nachteile: Er ist schwer zu bearbeiten und ist extrem schlecht bis gar nicht durchlüftet.

Boden mit hohem Tonanteil ist schwer zu bearbeiten, aber fruchtbar.

■ **SCHLUFF** liegt in der Korngröße zwischen Ton und Sand. Er ist also sehr feinkörnig und in seinen Eigenschaften nahe dem Ton: Sehr bindig, luftarm, fast wasserundurchlässig und schwer zu bearbeiten.

■ **LEHM** besteht aus Ton, Schluff und Sand. Sandiger Lehm ist gerade noch formbar. Reiben Sie den feuchten Lehm zwischen den Fingern, spüren Sie deutlich den Sandanteil.

Der **IDEALE GARTENBODEN** ist ein krümeliger, gut durchlüfteter Boden, der ausreichend Wasser speichert, sich leicht bearbeiten lässt und der genügend Nährstoffe speichern kann. In der Regel ist es ein **SANDIGER LEHM** mit einem gesunden Humusanteil. Nachteile gibt es nicht, sofern er nicht kaputt verdichtet wurde.

Nochmal zusammengefasst: Die wichtigsten Bestandteile im Boden sind Luft, Wasser und Nährstoffe. Wie Sie ihren Boden dahingehend optimieren, erfahren Sie im nächsten Kapitel.

3.2 BODENGEFÜGE

Bevor wir wieder in die Praxis einsteigen, noch ein Wort hierzu: Die physikalische Struktur eines Bodens bezeichnet man als Bodengefüge. Es ist von elementarer Bedeutung für die Bodenfruchtbarkeit. Dieses Bodengefüge positiv zu beeinflussen, ist unsere Hauptaufgabe bei der Bearbeitung und Verbesserung des Bodens.

Unser Ziel ist ein gut durchlüfteter Boden mit feiner Krume. Beim Aufbau eines gesunden Bodengefüges sind Bodenfauna und Bodenflora maßgeblich beteiligt. In lockerem Boden fühlen sich diese Bodenlebewesen wohl. Sie wiederum fördern die Bodendurchlüftung, Zersetzung und Verarbeitung organischer Substanz – ein ständiger Kreislauf also.

Idealer, krümeliger Boden.

Humus ist gefundenes Fressen für Regenwürmer, die den Boden durchlüften. Aber auch für Pilze und Bakterien, die aktiv an der Zersetzung mitarbeiten.

3.3 BODENVERBESSERUNG

Was, glauben Sie, ist der wichtigste Bestandteil des Bodens? Es ist Luft, Luft, Luft! Ohne ausreichende Sauerstoffversorgung im Boden würden die Wurzeln innerhalb weniger Wochen absterben. Darauf sollten wir bei all unseren Arbeiten achten. Lassen Sie mich an dieser Stelle einen Begriff erklären, der Ihnen im Zusammenhang mit Gartenböden immer wieder begegnen wird – die **BODENGARE.** Sie beschreibt den ökologischen Befund eines Bodens, also seine physikalische Struktur (wir streben eine Krümelstruktur an) und die Aktivität der Bodenorganismen, von Pilzen und Bakterien bis zu tierischen Mikroorganismen und dem Regenwurm.

Eine gute Bodengare erreichen wir durch Beschattung (z.B. mit Rasen) und durch ein luftig-lockeres Bodengefüge mit ausreichend Humus. Es gibt eine ganze Reihe von guten Möglichkeiten, das Bodengefüge zu verbessern:

■ SAND-LAVA-BIMS

Bei schweren Böden empfiehlt sich die Beimischung von Materialien, die die Bindigkeit und Dichte des Bodens verringern und mehr Sauerstoff in den Boden bringen. Feine Lava und Bims sind durch ihre poröse Struktur ideal. In der Praxis hat sich Sand am meisten durchgesetzt, weil er überall zu beziehen und preisgünstig ist.

Die Auftragsmenge bei Sand richtet sich nach der Bodenart: Ich empfehle eine Auftragsstärke von 5 - 20 mm. Auf 100 m^2 berechnet, ergibt sich beispielsweise bei 1 cm Auftrag eine Sandmenge von 1 m^3, das sind ca. 1,6 Tonnen. Für Rasenflächen brauchen Sie den Sand nur 10 cm tief einzuarbeiten, das ist die wurzelaktive Zone.

■ TON

Um sehr leichten, sandigen Böden mehr Substanz zu geben, d.h. sie wasserund nährstoffhaltiger zu machen, gibt es zwei gängige Möglichkeiten: Gesiebten Ton oder Lehmboden in 5 - 20 mm Stärke aufbringen und ca. 10 cm tief einarbeiten.

Bentonit ist ebenfalls ein Tonmineral, das feinst vermahlen, in Säcken von 20 kg im Handel ist. Allerdings muss man etwas suchen, denn in Baumärkten ist es nicht zu bekommen und längst nicht jeder Fachhändler führt es.

Ich verwende Bentonit gerne, auch wenn es eine sehr staubige Angelegenheit ist. Aufwandmenge bei Neuanlagen je nach Bodenart 200-1000 Gramm je Quadratmeter.

Bentonit zur Verbesserung von sandigen Böden.

■ GRÜNDÜNGUNG

Noch in den 1960er Jahren wurde Gründüngung verbreitet durchgeführt. Heute ist vielen Grundstücksbesitzern die Arbeit zu viel. Klar, wir müssen aussäen, mulchen, den Gründung in den Boden einarbeiten und „verlieren" dadurch ein Jahr Zeit.

Andererseits: wie oft passiert es, dass ein Grundstück ein oder mehrere Jahre brach liegt, bis es angelegt wird. In dieser Zeit wuchert das Unkraut, dessen Samen Sie auch nach Jahren noch ärgern wird. Der Boden erodiert, besonders an Hanglagen.

Gerade als Alternative zur Brache hat die Gründüngung sehr viele Vorteile:

- Der Boden wird bewirtschaftet und es bilden sich keine unkontrolliert wuchernden Wildkräuter.
- Der dichte Bewuchs fördert durch die Beschattung die Bodengare, die Entwicklung der Bodenlebewesen und er schützt vor Austrocknung des Bodens.
- Vorbeugung gegen Erosion.
- Raps, Senf, Lupinen oder Klee sind hervorragende Humuslieferanten, die den Boden außerdem mit Nährstoffen anreichern.
- Tiefenlockerung des Bodens bei Verwendung von Lupinen. Die Wurzeln dringen sehr tief auch in verdichtete Böden ein und leisten sozusagen Pionierarbeit für die nachfolgende Vegetation. Außerdem sind Lupinen Stickstoffsammler, die den Stickstoff aus der Luft binden und speichern können.

links verunkrautetes Brachland, rechts Gründüngung mit Klee.

Möchten Sie Ihren Garten in der folgenden Vegetationsperiode anlegen, sollten Sie den Gründung fein mulchen und 10-15 cm tief einarbeiten. Anderenfalls kann er einfach liegen bleiben und dient so als Verdunstungsschutz.

■ HUMINSTOFFE

Die Bodenorganismen sind aktiv am Auf-, Um- und Abbau von Humus beteiligt. Deshalb sind sie für einen intakten Boden von elementarer Bedeutung. Ein Humusanteil von 3-5% ist ideal für Gebrauchs- und für Sportrasen. Es gibt verschiedene Möglichkeiten, dem Boden Humus zuzuführen. Die Gründüngung hatten wir gerade besprochen. Allerdings muss Gründung erst zu Humus abgebaut werden. In gesunden Böden geschieht das in wenigen Monaten, bei inaktiven Böden kann es Jahre dauern.

Kompost ist die einfachste Möglichkeit der Humuszuführung und deshalb die übliche. Auf humusarmen Böden verwende ich eine Auflage von ca. 2-3 cm, die ca. 10 cm tief eingearbeitet wird.

Kompost belebt den Boden

Da Humus beim Abbau große Mengen Stickstoff frei setzt, soll er (bei so großen Mengen) möglichst im Frühjahr ausgebracht und der Boden in diesem Jahr nicht mehr bzw. nur nach Bedarf mit Stickstoff gedüngt werden.

Den **PH-WERT,** seine Bedeutung und einfache Mess-Möglichkeiten besprechen wir eingehend im Kapitel „Düngung". Weil jedoch eine pH-Absenkung bei angelegtem Rasen nicht mehr so einfach ist, hier ein kurzer Hinweis.

Rasen braucht einen **PH-WERT VON 5,6 BIS 7,0;** also schwach sauer bis neutral. Kompostbeimischung ist eine gute Möglichkeit, den pH-Wert zu senken. Um den pH-Wert zu erhöhen, können Sie den Boden kalken.

3.4 BODENUNTERSUCHUNG

Bevor Sie irgendwelche Dünger in den Boden einbringen, empfehle ich Ihnen dringend eine Bodenuntersuchung. Sie gibt Aufschluss über die wichtigsten Hauptnährstoffe Phosphor, Kali, Kalk und über einige Spurenelemente sowie über den pH-Wert. Dazu bekommen Sie eine detaillierte Düngeempfehlung. Ansonsten fischen sie nämlich im Trüben.

Eine einfache Analyse bekommen Sie schon ab 25 €. Das ist eine lohnende Investition in Ihren Garten, die Sie alle fünf Jahre wiederholen sollten, um zu wissen, wo es langgeht.

Bezugsquellen finden Sie im Anhang.

3.5 BODENVORBEREITUNG

Nach der ganzen Theorie geht es jetzt wieder an die Arbeit. Das Grobplanum ist erstellt, Setzungen sind nicht mehr zu erwarten. Dann können Sie loslegen. Ihren Boden können Sie jetzt beurteilen. Zunächst entfernen Sie die Unkräuter. Dann bringen Sie die Bodenverbesserungsstoffe, je nach Bodenart und Bedarf, auf.

■ DÜNGER EINARBEITEN

Die Starterdüngung ist abhängig von ihrer Bodenanalyse. Für die Neuanlage von Rasen ein Phosphor betonter Volldünger mit ca. 30 Gramm je Quadratmeter üblich. Phosphor ist zwar in erster Linie verantwortlich für die generative Entwicklung, also die Blütenbildung. In unserem Fall ist aber wichtiger, dass er auch das Wurzelwachstum fördert.

Hackfräse, für leichte Böden.

Nun arbeiten Sie den ausgestreuten Dünger und die Bodenverbesserungsmittel mit einer Fräse ein. Vermutlich werden Sie sich eine Fräse ausleihen. Eine Kastenfräse hat einen eigenen Radantrieb und schnell rotierende Fräsmesser.

Allerdings ist hier Vorsicht geboten: Fräsen Sie nicht zu feinkrümelig, denn Sie würden die Struktur zerstören. Der Boden verschwemmt nach dem ersten Regen und wird hart.

Eine Hackfräse hat keinen separaten Antrieb. Sie bewegt sich durch die langsam rotierenden Messer vorwärts. Ich halte diese Maschine für geeigneter, weil man leichter in Ecken kommt und die Krümelstruktur nicht zerstört wird. Bei grobscholligen, schweren Böden kommt sie jedoch an ihre Grenzen.

Fräsen Sie den Boden nur flach durch. 10 cm Tiefe sind vollkommen ausreichend; das ist die Schicht, in denen die Rasenwurzeln aktiv sind.

■ VORWALZEN

Sie werden merken, dass Sie durch die Bodenlockerung Fußabdrücke hinterlassen. Walzen Sie daher die Fläche vor dem Feinplanum. Gartenwalzen können Sie zwar leihen, sie sind jedoch schon ab 25 € zu kaufen. Befüllen Sie die Walze mit Wasser oder besser mit Sand, damit sie schwerer ist (60-80 kg bei 60 cm Breite) und ihren Zweck erfüllt. Dazu hat jede Walze einen Einfüllstutzen.

vor dem Planieren walzen, um die Fußabdrücke zu minimieren.

■ FEINPLANUM

Dazu verwenden Sie am besten einen Holzrechen. Steine, größer als 3 cm sammeln Sie dabei ab. Ebenso Wurzelreste, Kräuter und alles, was nicht in den Boden gehört. Es geht nicht darum, besonders feinkrümelig zu rechen.

Wenn Sie sich zu sehr auf die Feinheiten konzentrieren, verlieren Sie allzu leicht die eigentliche Aufgabe aus dem Auge: das Planieren.

Deshalb ist es auch hier wichtig, ab und zu einen Schritt zurückzugehen und eine größere Fläche im Zusammenhang zu betrachten.

3.6 MAULWURFSPERRE

Ich mag sie nicht, weil sie gänzlich wider die Natur ist: Die Maulwurfsperre aus engmaschigen Kunststoffgeweben hindert den Maulwurf daran, seine Hügel aufzuwerfen.

Maulwurfsperre auf dem verlegefertigen Feinplanum.

Das klingt toll. Wer sich schon mal mit massenhaften Maulwurfschäden herumschlagen musste, wünscht sich diese Sperre. Aber die Sache hat einige Haken:

- Das Kunststoff-Vlies ist ein Fremdkörper im Rasen. Es verhindert ein aktives Bodenleben, weil nicht mal ein Regenwurm hindurch kommt.
- Den Rasen irgendwann mal abzuschälen, um neuen Rasen zu verlegen, ist eine Sträflingsarbeit, weil die Maschinen streiken, wenn sie in das Netz geraten.

- An Hindernissen im Rasen (Bäume, Trittplatten) und an den Anschlüssen muss sehr genau gearbeitet werden, sonst finden die Wühler ihren Weg.
- Kunststoff ist unterirdisch besonders langlebig, weil er keiner UV-Strahlung ausgesetzt ist. Ihre Urenkel werden noch an Sie denken.
- Wühlmäuse können das Kunststoffgitter zerbeißen. Das Gewebe wird mit Überlappung Bahn für Bahn auf der verlegefertig vorbereiteten Fläche ausgelegt. Der Fertigrasen kommt direkt auf das Vlies und wurzelt durch.

Ein Kompromiss kann eine vertikal verlegte Sperre sein. Das Vlies wird mindestens 50 cm tief eingegraben und schließt mit der Oberfläche ab. Im Allgemeinen laufen Maulwürfe nämlich nicht oberirdisch und graben nicht tiefer als 50 cm.

Nun kommen wir endlich zum eigentlichen Thema - dem Rasen.

4. WELCHER RASEN SOLL ES SEIN?

Lassen Sie sich nicht von wohl klingenden Namen und schönen Fotos verleiten. Gönnen Sie sich einen Qualitätsrasen, der seine Zusammensetzung ausweist. Es gibt sechs für Rasenmischungen relevante Grasarten mit zig verschiedenen Sorten. Alle haben unterschiedliche Vorzüge und Nachteile, aber auch sehr unterschiedliche Korngrößen. So hat z.B. das Weidelgras (Lolium perenne) 250 Korn je Gramm, die Wiesenrispe (Poa pratensis) aber 11 000 (!) Korn je Gramm.

Da Rasenmischungen nach Gewicht gehandelt werden, ist natürlich die Versuchung groß, bei den feinsten (und mit großem Abstand teuersten) Samen zu sparen. Dabei ist es ein himmelweiter Unterschied, ob eine Mischung 10 oder 20% Wiesenrispe enthält, ganz zu schweigen von den teuren Lizenz-Sorten wie z.B. Supranova®.

Für jeden Zweck die richtige Gräsermischung.

Deshalb sind in Billigmischungen überproportional viele grobe Grassamen vertreten. Solche Mischungen keimen schon nach wenigen Tagen und bilden in kurzer Zeit eine dichte Grasnarbe, die je nach Wachstumsbedingungen und Nutzung schon nach ein bis zwei Jahren erste Mängel zeigt.

Genormte Regel-Saatgutmischungen, kurz „RSM", bieten die Gewähr, dass Sie für ihren Zweck die richtige Rasenmischung haben. Ein Blick in die Regale der Baumärkte zeigt jedoch, dass sich viele Hersteller sträuben, die Zusammensetzung exakt anzugeben. Damit wird nämlich der Preis leichter vergleichbar. Ein schönes Foto auf der Packung ist eben billiger und spricht mehr Käufer an.

Weitere Qualitätskriterien für eine Rasenmischung:

- Die **KEIMFÄHIGKEIT** muss über 75-80% liegen. Das ist gesetzlich geregelt. Qualitätsmischungen haben in der Regel eine 10% höhere Keimfähigkeit.
- 100 % **SORTEN-REINHEIT** ist in der Praxis nicht zu erreichen. Aber es macht schon einen Unterschied, ob die Gräser, die wir auch wirklich wollen, zu 90% oder zu 98% tatsächlich vorhanden sind.

Letztlich ist der Kauf von Qualitätssaatgut Vertrauenssache. Ich verwende Qualitätsrasenmischungen namhafter Produzenten. Sie übertreffen die Mindestanforderungen der genormten Regelsaatgutmischungen.

4.1 GRÄSERARTEN

Um eine Mischung beurteilen zu können, sollten Sie ein wenig über die vier wichtigsten Grasarten wissen, die mit unterschiedlichen Sorten in den meisten RSM vorhanden sind:

■ **AUSDAUERNDES WEIDELGRAS** (Lolium perenne). Keimdauer 7-14 Tage. Gewicht ca. 250 Korn je Gramm. Das Weidelgras bildet Horste, bei starker Beanspruchung auch Seitentriebe und ist sehr strapazierfähig. Es braucht viel Wasser, regeneriert sich aber nach Austrocknung sehr schnell wieder. Es ist in fast jeder Mischung enthalten.

■ **WIESENRISPE** (Poa pratensis). Keimdauer 14-28 Tage. Gewicht ca. 11 000 Korn je Gramm. Die Wiesenrispe bildet unterirdische Ausläufer (Rhizome) und ist ebenfalls sehr strapazierfähig. Die Rhizome können Wasser und Nährstoffe speichern und deshalb bleibt die Wiesenrispe auch bei längerer Trockenheit lange grün. Die Rhizombildung hat noch einen Vorteil: Die Wurzelausläufer können Lücken und Kahlstellen schnell wieder schließen.

■ **ROTSCHWINGEL** (Festuca rubra ssp). Keimdauer 10-18 Tage. Gewicht ca. 750 Korn je Gramm. Auch der Rotschwingel bildet, je nach Sorte, unterirdische Ausläufer. Er wird wegen seiner Feinblättrigkeit geschätzt, ist aber nicht sehr belastbar. Deshalb wird er in Zierrasen und Landschaftsrasen (wächst langsam) verwendet. Er braucht zwar wenig Wasser, allerdings brauchen die Gräser nach Austrocknung lange Zeit zur Regeneration.

■ **ROHRSCHWINGEL** (Festuca arundinacea). Keimdauer 10-18 Tage. Gewicht ca. 200 Korn je Gramm. Der Rohrschwingel bildet Horste, teils auch unterirdische Ausläufer. Er durchwurzelt den

Boden intensiv und hat eine sattgrüne Farbe. Die Strapazierfähigkeit ist durchschnittlich bis gut. Wegen seiner starken Wurzelbildung eignet er sich gut auf trockenen Standorten.

4.2 ZIERRASEN

Hier steht der Zierwert im Vordergrund. Mit diesen Mischungen erreichen Sie eine sehr dichte Grasnarbe mit feinen Gräsern und sattgrüner Farbe.

Allerdings ist Zierrasen nicht besonders strapazierfähig. Er wird für anspruchsvollen Rasen im Hausgarten und für repräsentative Flächen verwendet.

Hoher Anspruch verlangt vollen Einsatz.

Zierrasen erfordert einen relativ hohen Pflegeaufwand, d.h. regelmäßiger, kurzer Schnitt (Ca. 30-40 Schnitte pro Jahr) und regelmäßiges düngen, beregnen und vertikutieren. Feinblättrige Gräser wie Rotschwingel in verschiedenen Sorten dominieren in der Zierrasenmischung.

4.3 GEBRAUCHSRASEN

Gebrauchsrasen soll im Prinzip alle positiven Eigenschaften vereinen: Hoher Zierwert bei möglichst geringem Pflegeaufwand und hoher Belastbarkeit. Da war doch was mit der Quadratur des Kreises...

gepflegter Gebrauchsrasen mit Einbau-Regner.

So wird ein Gebrauchsrasen immer ein Kompromiss sein zwischen dem Zierrasen und dem extrem strapazierfähigen Sportrasen. Er bildet eine dichte, strapazierfähige Narbe, ist trittfest und tolerant gegen Trockenheit. Sie können mit den Kindern darauf toben oder ihn als Liegewiese benutzen.

Durch ein breites Spektrum verschiedener Grasarten ist der Gebrauchsrasen tolerant gegenüber Extremsituationen und nimmt auch Pflegefehler nicht so übel wie der Zierrasen.

Gebrauchsrasen ist in unterschiedlichen Mischungen für bestimmte Zwecke erhältlich:

Der **SPIELRASEN** ist mehr auf eine starke Belastung ausgerichtet. Dicht, pflegeleicht und robust soll er sein. Er wird im öffentlichen Grün, in Parks oder Schwimmbädern genauso verwendet wie im Hausgarten. In meiner Praxis ist es der Allround-Rasen, den ich zu 95 % verwende.

Für besonders **TROCKENE LAGEN** gibt es Mischungen mit einem hohen Anteil an Rotschwingel und Schafschwingel. Das geht allerdings auf Kosten der Strapazierfähigkeit.

4.4 SCHATTENRASEN

Supra-Rasen ist zur Zeit in aller Munde. Es ist eine ausgewogene Mischung mit breitem Spektrum und beinhaltet das Lägergras (Poa supina). Dieses Gras hat sich in umfangreichen Versuchen durch eine gute Schattenverträglichkeit bei dichter Grasnarbe und sehr guter Regenerationsfähigkeit hervorgetan. Poa supina in der Lizenzsorte „Supranova"® ist in vielen modernen Schattenrasen-Mischungen enthalten.

Allerdings stellt Rasen in schattigen Lagen höhere Ansprüche an die Düngung und die Schnitthäufigkeit.

Bei Schattenrasen ist auch zu beachten, dass er nicht so tief gemäht werden darf (ca. 5-6 cm), um die Gräser nicht über Gebühr zu schwächen.

Machen Sie sich aber keine falschen Hoffnungen! Auch Schattenrasen braucht Licht. Im Halbschatten wird er noch recht gut gedeihen (zum Beispiel unter einem hochkronigen, freistehenden Baum). Selbst da wird verstärkt Moos aufkommen, denn Moos und Schatten gehören zusammen.

In vollem Schatten ziehe ich eine Bepflanzung mit Schatten verträglichen Gehölzen und Stauden vor, die dort prächtig gedeihen. So werden dunkle Ecken zu einer wunderbaren Oase. Obendrein ist eine gut abgestimmte Bepflanzung, besonders bei kleinen Flecken, bei weitem nicht so pflegeintensiv.

4.5 BLUMENWIESE

Die Blumenwiese ist im Hausgarten die Ausnahme, mit gutem Grund. Der hohe Kräuteranteil ist nicht zum Betreten geeignet. Die Wiese ist etwas für Naturliebhaber, die eine ungenutzte Fläche mit Leben erfüllen wollen. Gleichzeitig erfreuen sie sich am Wechselspiel der Farben und an der reichen Wiesenfauna, die sich einstellen wird.

Blumenwiese - ein Paradies für Insekten.

Sie können Ihren Rasen ganz wesentlich durch die Pflege steuern. Bei sehr seltenem Mähen und ohne Zuführung von Düngern stellt sich eine Vielzahl standortgerechter Blütenkräuter ganz von selbst ein – was die Natur so alles kann...

4.6 LANDSCHAFTSRASEN

Ich will den Landschaftsrasen hier nur der Vollständigkeit halber erwähnen. Er hat im Hausgarten praktisch keine Bedeutung. Es sind Gräsermischungen, die sehr langsam wachsen und trockenheitsresistent sind. Sie sind zur intensiven Nutzung ungeeignet und werden mit bis zu drei Mähgängen im Jahr extensiv gepflegt.

4.7 NACHSAATMISCHUNGEN

Meist verabschieden sich in Problemfällen zuerst die Horst bildenden Grasarten; Rhizombildner können sich leichter regenerieren.

Im Handel werden spezielle Nachsaat-Mischungen angeboten, die mit einem höheren Anteil Horst bildender Gräser ausgestattet sind (Lolium perenne, Festuca, aber auch Poa supina). So können Sie die Lücken schnell wieder schließen.

4.8 SONDERFORMEN

Für belastbare Flächen, z.B. KFZ-Stellplätze oder Zufahrten gibt es zwei Möglichkeiten:

Rasengitter aus Beton oder Kunststoff.

■ **RASENGITTERSTEINE** sind eine altbewährte Form von belastbaren Vegetationsflächen. Im Handel werden sie in 8 und 10 cm Stärke angeboten.

Natürlich brauchen Sie einen soliden Unterbau, damit die Rasengitter nach einigen Jahren nicht zur „Hügelpiste" werden. Hier ist besondere Sorgfalt geboten. Ein Beispiel für den Unterbau einer Tragschicht für Rasengittersteine, belastbar für PKW bis 3,5 Tonnen:

Aushub 33 cm unter Fertighöhe und den Untergrund ausreichend verdichten. Für „leichten Verkehr" reichen 20 cm Tragschicht aus Schotter, Körnung 16-32mm. Die Tragschicht ist also ohne „Nullkorn" und deshalb wasserdurchlässig. Anschließend kommt die Rüttelplatte wieder zum Einsatz. Ein Vlies verhindert, dass der feinere Splitt in die Hohlräume rieselt. 5 cm Splitt, Körnung 4-6 mm, ist die Auflage für die Gittersteine. Zwischen Splitt und Gittersteinen verhindert ein Vlies, dass die Erde im Splitt versickert. Schließlich verlegen Sie die 8 cm starken Beton-Gittersteine und rütteln die Fläche wieder ab.

Der **RASENGITTERSTEIN** wird immer mehr durch Kunststoffgitter ersetzt, das ebenso belastbar, aber leichter zu verlegen ist. Nachteil ist, dass diese Gitter meist nur 4-5 cm stark sind und deshalb der Boden schneller austrocknet.

Der Schotterrasen spielt im privaten Bereich kaum eine Rolle. Hier wird ein sandiger Oberboden in festgelegtem Mischungsverhältnis mit Schotter vermischt und erhält so eine beschränkte Belastbarkeit.

Der Nachteil von Gittersteinen wie Schotterrasen ist, dass eine Regeneration, z.B. durch vertikutieren, nicht möglich ist.

4.9 RASENEINSAAT ODER FERTIGRASEN?

Alles hat natürlich seine zwei Seiten. Jeder bewirbt sein Produkt. So wird der Verbraucher eher verunsichert, als informiert. In weiten Verbraucherkreisen herrscht der Glaube vor, mit Fertigrasen/ Rollrasen das beste (weil teuerste) getan zu haben. Also Fertigrasen drauf und alles wird gut?

Fertigrasen oder Raseneinsaat?

Beleuchten wir einzelne Kriterien, um etwas klarer zu sehen, was für Sie konkret sinnvoll ist:

■ DIE QUALITÄT

Den größten Irrtum will ich vorweg ausräumen: Der Qualität Ihres Rasen ist es langfristig nicht anzusehen, ob er fertig verlegt oder ausgesät wurde. Viel entscheidender für die Qualität Ihres Rasens ist die Qualität seiner Pflege!

Natürlich bietet Fertigrasen in den ersten zwei Jahren einen gewaltigen Vorteil: Durch seine dichte Grasnarbe lässt er kaum Unkräuter aus dem Boden durchkommen. Er wird über ein Jahr lang sehr intensiv von Profis kultiviert. Die überlassen nichts dem Zufall und haben eine Menge Erfahrung. So eine dichte Grasnarbe ist im Privatgarten die Ausnahme und nur bei Idealbedingungen und hohem Pflegeaufwand langfristig zu halten.

Nach einem Jahr relativiert sich das und nach zwei Jahren sieht man keinen Unterschied mehr zwischen der Raseneinsaat und dem Fertigrasen – jeweils bei vergleichbarer Ausgangsqualität und Pflege. Bei durchschnittlicher Pflege wird der Fertigrasen seine Lücken bekommen und damit erste Unkräuter. Die Raseneinsaat wird bei gleicher Pflege immer dichter. Allerdings müssen Sie bei der Einsaat von Anfang an gegen Unkräuter ankämpfen.

■ DIE ZEIT BIS ZUR BENUTZBARKEIT

Ihrem Fertigrasen sollten Sie zwei bis drei Wochen Zeit geben, bis Sie ihn voll belasten können. So lange braucht er, bis er richtig eingewurzelt ist. Die Rasensoden lassen sich dann nicht mehr abheben.

Raseneinsaat, erster Schnitt nach sechs Wochen.

Ihre Raseneinsaat braucht im Idealfall vier bis sechs Wochen bis zum ersten Schnitt. Solange sollten Sie den Rasen möglichst nicht betreten. Danach nimmt er ihnen ein vorsichtiges, gelegentliches Betreten nicht mehr übel. Nach dem vierten Schnitt – das dauert nach der Saat je nach Witterung 10-14 Wochen - ist die Einsaat voll belastbar.

Bis sich die Kinder so richtig auf dem Rasen austoben können, muss er sich nochmal 6-10 Wochen entwickeln und eine dichte Narbe aufbauen, die den Scherkräften standhält. Was die Wartezeit betrifft, steht es 3 : 15 (Wochen) für den Fertigrasen.

Das war jetzt ein Superplädoyer für den Fertigrasen. Besonders, wer ständig seine Kinder zurückpfeifen muss, weiß das zu schätzen – sie wollen einfach drauf!

■ DIE VERFÜGBARKEIT

Spielrasen oder Suprarasen, gehören zum Standardsortiment jedes Rasen-Anzuchtbetriebes. Möchten Sie lieber ein paar Kräuter drin haben, einen speziellen Rasen für Ihren trockenen Sandboden (der vielleicht nicht bewässert werden kann), müssen die meisten Rasenbetriebe passen.

Bei Spezialmischungen bleibt oft keine Wahl und damit ist Ihnen diese Entscheidung abgenommen. In dem Fall also eine Raseneinsaat.

■ DIE KOSTEN

Es gibt immer Billigangebote und noch billigere Qualitäten. Deshalb vergleichen wir einen Fertigrasen guter Qualität aus dem Fachbetrieb (18-20 mm starke Sode) mit dem Qualitätssaatgut, das die Richtlinien der RSM erfüllt. Und wir legen den Supra-Rasen zugrunde – wenn schon, denn schon. (Preise: Stand 2020)

Der Fertigrasen kostet bei 100 m² ca. 450-500 € (bei Selbstabholung). Da Sie zwei Tonnen vermutlich nicht in den Kofferraum bringen, kalkulieren wir noch die Anlieferung – je nach Entfernung – mit 50 – 100 € ein. Materialkosten bei Selbstverlegung also 500-600 €.

Die Verlegekosten sind pauschal nicht zu schätzen, weil jede Baustelle anders ist: unterschiedliche Böden, Transportweiten von der Straße, Hanglagen, aufwändige Bodenverbesserung und so weiter. Deshalb gehe ich für den Vergleich von einem ebenen, schon grob planierten Gelände aus, ohne besondere Bodenverbesserung. Auch hier wieder vom Fachbetrieb, der Ihnen auch Gewährleistung bietet – nicht von Hausmeisterdiensten und Co.

Inclusive Lieferung des Rasens mit fräsen, walzen, feinplanieren, nachplanieren, verlegen und walzen liegt der durchschnittliche Preis dafür bei ca. 12-16 €/m², also 1200 – 1600 € bei 100 m².

Zur Einsaat: Die vergleichbare Spitzenqualität kostet ca. 0,25 €/m², das sind 25,00 € Materialkosten. Die Aussaat durch einen Fachbetrieb incl. Materialkosten, bei Bedingungen und Vorbehalten wie oben, kostet ca. 4,00 bis 5,00 €/ m², also 400-500 €.

Bei größeren Flächen wird die Aussaat überproportional günstiger. So sinkt der Preis bei 300 m² auf ca. 3,00-4,00 € je m². Aber verklagen Sie mich nicht auf diese Angaben! Das sind meine Kalkulationen bei durchschnittlichen Bedingungen und es gibt regional große Unterschiede. Also ohne Gewähr.

Kostenvergleich von Fertigrasen zur Raseneinsaat:

100 m²	Materialkosten, selbst verlegt	Durch Fachbetrieb, inkl. Material
Raseneinsaat	25€	300€ bis 400€
Fertigrasen	500€ bis 600€	1100€ bis 1400€

5. RASENEINSAAT

Nun wieder zurück zur praktischen Arbeit. Die Fläche ist vorbereitet, gedüngt und der Samen steht bereit. Je nach Zusammensetzung der Gräsermischung bringen Sie ca. 20 bis 30 Gramm je qm Grassamen aus. Die genaue Aufwandmenge steht auf jeder Packung. Bemessen sie den Grassamen ruhig großzügig. So können Sie später kleine Ecken nachsäen oder Schadstellen reparieren, ohne nochmal eine neue Packung zu kaufen. Trocken und frostfrei gelagert, hält sich der Grassamen in der Regel ein bis zwei Jahre.

5.1 SO WIRD'S GEMACHT

■ DIE RICHTIGE ZEIT

Rasensamen keimt bei +8 °C. Die ideale Keimtemperatur liegt zwischen 15 und 25 °C. Daraus ergibt sich ein Zeitfenster von etwa Ende März bis Ende September. Theoretisch können Sie in dieser Zeit säen. Bei anhaltenden Hitzeperioden jedoch wird Ihnen mit viel Glück nur die Hälfte des Samens aufgehen. Näheres dazu weiter unten. Bei einer Aussaat im Hochsommer sollten Sie immer den langfristigen Wetterbericht im Auge behalten. Warten Sie auf eine kühlere Periode, wenn der Wetterbericht nicht mehr als 28 °C in den kommenden zwei Wochen voraussieht.

■ JUSTIERUNG DES SÄWAGENS

Versuchen Sie nicht, größere Flächen von Hand auszusäen. Sie brauchen sicher die doppelte Menge Rasensamen und werden am Ende einen „Fleckerl-Teppich“ haben, wenn sie nicht wirklich Routine im Aussäen haben.

Einfacher geht es mit einem Säwagen, den Sie in vielen Gartencentern ausleihen können. Stellen Sie den Säwagen auf die halbe Ausbringmenge ein und säen in zwei Arbeitsgängen, kreuz und quer. Sie stellen den Wagen also bei z.B. vorgeschriebenen 20 Gramm nur auf 10 Gramm ein. Das führt zu einem gleichmäßigeren Ergebnis.

Raseneinsaat mit professionellem Säwagen.

■ DÜNGESTREUER / SÄWAGEN

Schauen Sie beim Kauf eines Säwagens genau auf die Dosiermöglichkeit. Da gibt es große Unterschiede. Um Rasen säen zu können, muss der Streuwagen sehr fein einzustellen sein. Die meisten Streuer werden nicht als Säwagen verkauft, sondern als Düngestreuer. Also Achtung!

Aber vorher machen Sie eine Säprobe, damit Sie auch wirklich die gewünschte Aufwandmenge einbringen. Dazu legen Sie eine saubere Folie aus, füllen das Saatgut in den Säwagen und fahren genau eine Fläche von 2 m² ab. Dann schütten Sie den Samen in eine Schüssel zurück und wiegen ihn mit einer Briefwaage ab. Durch mehrmaliges Nachjustieren des Säwagens kommen Sie auf die richtige Dosierung. Die Ungeduldigen überspringen die genaue Justierung, beginnen mit der niedrigsten Stufe und tasten sich mit jedem Durchgang vor, bis die erforderliche Saatmenge auf die Fläche ausgebracht ist.

Zum Säen brauchen Sie trockenen Boden und bis zum Anwalzen darf es natürlich auch nicht regnen, sonst würden der Samen und die Erde an der Walze kleben.

■ AUSSÄEN

Die meiste Arbeit ist geschafft. Jetzt fahren Sie mit dem Säwagen ein oder mehrere Durchgänge. Achten Sie darauf, immer eine Radbreite zu überlappen. (Kleine Nachlässigkeiten bestraft der liebe Gott nach ungefähr zwei Wochen, wenn die Lücken zu sehen sind).

■ EINARBEITEN

Der nächste Arbeitsgang ist das Einarbeiten des Samens. Es geht darum, dass der Samen eine bessere Verbindung mit der Erde hat. Er darf nicht zu tief eingearbeitet sein, denn Gräser sind Lichtkeimer. Außerdem ist der Samen so besser vor Vogelfraß geschützt, was besonders im Frühjahr wichtig ist. Das Einarbeiten erledigen Sie am besten mit dem Holzrechen. Aber das ist gar nicht so einfach, wie es sich anhört: Rechen Sie die Fläche systematisch in langen Zügen (immer nur einmal) ab. Das reicht vollkommen aus. Kommen Sie nicht auf die Idee, bei der Gelegenheit noch kleinere Unebenheiten auszugleichen. Damit würden sie die gleichmäßige Aussaat wieder durcheinanderbringen.

Rasen säen - einarbeiten - anwalzen.

■ ANWALZEN

Auch zum Anwalzen des Samens sollte die Walze mit Wasser gefüllt sein. Bei 60 cm Breite sollte sie mindestens 30 kg wiegen, um dem Samen eine schlüssige Verbindung mit dem Boden zu geben. Problemstellen sind oft Böschungen. Hier empfiehlt es sich, immer nur von oben nach unten zu arbeiten, damit beim Hochschieben keine deutlichen Fußspuren zurückbleiben.

5.2 UND DANN?

Die Arbeit ist getan – jetzt kann es regnen! Wenn nicht, müssen Sie nachhelfen, sonst war die ganze Arbeit umsonst.

■ BEREGNEN

Sobald der Samen feucht wird, beginnt der Keimungsprozess. Die Samen quellen auf und die ersten zarten Keimlinge sprießen nach 6-10 Tagen hervor. Da wir aber eine Gräsermischung haben, gibt es auch Samen, die erst nach drei Wochen keimen (z.B. die Wiesenrispe). Während der gesamten Keimphase dürfen die Keimlinge zu keinem Zeitpunkt austrocknen!

Raseneinsaat nach 8 und nach 18 Tagen.

Während einer Hitzeperiode bei 30 °C und mehr hätten wir jetzt ein Problem. Die weichen Sprosse sind extrem empfindlich und würden beim Beregnen in der Mittagshitze verbrennen.

Das scheidet also aus. Wenn Sie morgens beregnen, können am Abend, bis sie wieder beregnen können, schon die ersten Keimlinge vertrocknet sein. Außerdem ist während Hitzeperioden die UV-Strahlung zu hoch. Das sind die Gründe, weshalb von einer Aussaat im Juli/August allgemein abgeraten wird. In tropischen Regionen wird der Rasen deshalb in Schattenhallen herangezogen und die Setzlinge später einzeln gepflanzt.

Achten Sie bei der Auswahl und beim Einrichten der Regner darauf, dass der Samen nicht durch zu grobe Wasserstrahlen weggeschwemmt wird. Viereckregner mit dünnen Strahlen und gleichmäßigerer Verteilung sind dafür besser geeignet als Kreisregner. Bei kleinen Flächen tut es natürlich auch der Wasserschlauch mit einer feinen Brause, solange Sie die Einsaat nicht betreten müssen.

Bedenken Sie, dass der Boden möglicherweise tiefgehend ausgetrocknet ist und in den ersten Tagen sehr viel beregnet werden muss. Deshalb kann ich so pauschal keine Wassermenge angeben. Beregnen Sie sicherheitshalber am ersten Tag wenigstens eine Stunde jeweils morgens und abends. Danach graben Sie vorsichtig bis 10 cm Tiefe, um die Bodenfeuchte im unteren Bodenbereich zu beurteilen.

st der Boden ausreichend durchfeuchtet, sollte an sonnigen Tagen eine Wassermenge von 10-30 Liter je qm ausreichen. Aber nochmal: Besser, als sich an Zahlen zu halten ist immer, es selbst durch genaues Beobachten zu beurteilen. Sie sehen das schon, wenn der Boden stellenweise heller wird. Im Zweifelsfall geben Sie lieber mehr Wasser, als zu wenig. Um eine Kontrolle über die Beregnungsmenge und die natürlichen Niederschläge zu haben, ist ein einfacher Niederschlagsmesser hilfreich. Das ist keine große Investition und interessant zu beobachten. Er wird Ihnen eine gewisse Sicherheit geben, wenn die Frage ansteht: „Soll ich oder soll ich nicht?“

Bildet der Rasen einen dichten Teppich, beschattet er den Boden selbst und Sie können die Bewässerung auf Normalmaß zurückführen. Die kritische Zeit hat er dann überstanden.

■ DER ERSTE SCHNITT

Nach zwei bis drei Wochen werden Sie unter günstigen Bedingungen einen deutlichen, grünen Flaum sehen und nach 4-6 Wochen sollte Ihr Rasen ca. 8-10 cm hoch sein. Das ist genau die richtige Höhe für den ersten Schnitt. Zuvor aber lassen Sie den nassen Boden etwas abtrocknen. Sonst ist er zu weich und Sie hinterlassen Fußabdrücke, denn die Grasnarbe trägt noch nicht. Für den ersten Schnitt sind scharfe Messer besonders wichtig, damit die zarten Gräser nicht wieder gelockert und mehr als notwendig verletzt werden. Außerdem ergibt ein sauberer Schnitt einfach ein schöneres Bild. Falls Sie also Ihren alten Mäher aus dem Schuppen holen, lassen Sie die Messer schärfen.

Die Schnitthöhe soll beim ersten Schnitt 6 cm nicht unterschreiten. Die Gräser sind ja noch ganz am Anfang ihres Lebens und wollen wachsen. Sie sollen nicht durch einen Tiefschnitt mehr als nötig geschwächt werden und ins Stocken geraten. Bei leichten Böden ist es evtl. sinnvoll, die gemähte Fläche zu walzen. Wenn die Gräser durch das Mähen gelockert werden, bekommen sie durch das Walzen wieder einen festen Bodenschluss. Die weiteren Schnitte sind im Teil B, Kapitel „Mähen“ beschrieben. Herzlichen Glückwunsch zu Ihrem neuen Rasen!

6. FERTIGRASEN

Es ist schon beeindruckend: Gestern war da noch ein verkommener Grünstreifen, verunkrautet, fahlgrün und gelegentlich ein paar Gräser dazwischen – den Namen „Rasen“ verdiente er nicht. Heute ein grüner Teppich mit dichter, sattgrüner Narbe – von jedem bestaunt. So schnell geht das mit dem Fertigrasen. Sie haben sich für Fertigrasen entschieden? Dann lassen Sie uns loslegen.

Rasen erneuern: mit Fertigrasen an einem Tag

■ WO KAUFEN?

Der Billigste ist nicht der Günstigste! Gelegentlich wird Dünnbett-Rasen angeboten, um Transportgewicht zu sparen. Im Hochsommer ist das besonders riskant. Deshalb lasse ich die Finger davon. Die meisten Rasenbetriebe haben sehr informative Webseiten. Falls Sie da keine Zusammensetzung der Mischung finden oder zumindest einen Hinweis auf eine Entsprechung zu einer bestimmten Regelsaatgutmischung (RSM), fragen Sie nach. Auch hier gilt: Kauf von Rollrasen ist Vertrauenssache. Webseiten können viel erzählen, ein Plausch mit Nachbarn oder Bekannten über ihre Bezugsquelle ist zwar nicht repräsentativ, aber immerhin etwas handfestes. Gehen wir davon aus, dass Ihnen Betriebe aus der Region bekannt sind und Sie sich vor Ort vom Service und der Qualität überzeugen können.

Dann geht es im Wesentlichen nur um die Frage: Versandrasen übers Internet oder vom Rasenbauern aus der Umgebung beziehen? Versendet wird natürlich jeder Rasen, wenn der Rasenbauer nicht zufällig Ihr Nachbar ist. Aber wenn ich von Versand spreche, dann meine ich Transportstrecken von 200 oder 500 Kilometer. Da wird der Transport schon tüchtig zu Buche schlagen. Wenn der Produzent überregional mithalten will, muss er mindestens genauso tüchtig an der Preisschraube nach unten drehen, sonst wäre er zu teuer.

■ VERSANDRASEN

Rollrasen soll möglichst binnen 24 Stunden nach der Ernte verlegt sein, sonst kann er Schaden nehmen. Die Produzenten ernten schon in der Nacht und bemühen sich um eine pünktliche Verladung und dann hängt der LKW irgendwo im Stau – bei 30

Grad im Schatten- vermutlich ist er aber eher in der Sonne... Am nächsten Abend - Sie haben gerade die Füße hochgelegt - kommt er dann endlich an, wo doch ausdrücklich „spätestens 14 Uhr“ vereinbart war.

Ich habe den Versandrasen jetzt ziemlich mies gemacht. Das hat er gar nicht verdient, wenn die Qualität stimmt. Ich möchte Sie aber auf das Risiko des Versands hinweisen. Passen Sie eine günstige Witterung ab und vereinbaren Sie verbindliche Lieferzeiten. Es gibt viele Profis, die richtig große Flächen mit Rollrasen belegen. Da kommen die LKWs „just in time“ und müssen keine zehn Kunden anfahren.

■ VOM RASENBETRIEB AUS DER UMGEBUNG

Bei mir läuft es so: Ich bestelle meinen Rasen bei einem meiner Hauptlieferanten in der Nähe. Habe ich einen Auftrag in größerer Entfernung als 100 km, suche ich mir einen Lieferanten dort aus der Region. Ich bestelle 2-3 Tage vor dem gewünschten Verlegetermin. In Saisonzeiten (im Frühjahr) brauchen die Produzenten manchmal mehr Zeit – nicht wegen der Ernte, sondern wegen der Transportkapazität.

In der Regel wird der Rasen in den frühen Morgenstunden frisch geschält und ist bis 10 Uhr auf der Baustelle. Das klappt nicht immer, weil jeder der Erste sein will. Wichtig ist mir, dass ich den Rasen an dem Tag noch verarbeiten kann. Wenn die Sonne nicht den ganzen Tag drauf brennt, kann ich einen Rest auch mal am nächsten Morgen verlegen.

6.1 SO WIRD'S GEMACHT

Die Feinplanie hatten Sie schon fertiggestellt. Der Rasen ist bestellt. Ach ja, denken Sie daran, drei bis 4 Prozent mehr zu bestellen, bei sehr verwinkelten Flächen eher fünf bis sechs Prozent mehr wegen des Verschnitts. Sie sind ausgeruht und voller Tatendrang und Helfer haben Sie auch engagiert. Meist wird der Rollrasen mit Hebebühne und Hubwagen abgeladen und bis dahin gebracht, wo man mit schwerem Gerät noch fahren kann.

■ LAGERUNG

Decken Sie als erstes den Rollrasen mit einer Plane ab. Natürlich nicht mit einer transparenten Folie. Die wirkt bei voller Sonne wie ein Brennglas, sodass eine große Hitze entstünde. Das würde er keine zwei Stunden überleben. Es soll noch Luft unter der Plane zirkulieren können, also vielleicht noch eine Kiste unter die Plane, damit sie nicht direkt auf dem Rasen aufliegt. Decken Sie auch bei trüber Witterung ab. Der Wind kann den Rasen schnell austrocknen. Rasensoden sind lebende Pflanzen – schade, dass er nicht schreien kann. Dann wüssten wir, was ihm nicht gefällt.

Mit Planen gegen Wind und Sonne schützen.

Rasenernte.

Rollrasen verlegen.

■ VERLEGEN

Sie beginnen im hinteren Teil des Rasens, damit Sie nicht den ganzen Tag darauf laufen müssen. Legen Sie möglichst an einer langen Geraden an, damit Sie nicht so viel anpassen brauchen. Rollen Sie die Soden genau neben der letzten Bahn aus. Sie ersparen sich dadurch viel Arbeit beim Ausrichten. Dabei werden die Soden dicht an die vorherige Bahn angepasst. Heben Sie die Soden dazu leicht an, damit keine Erde zwischen die Bahnen kommt. Haben Sie die vorherige Bahn mal mit der neuen überlappt und ziehen sie wieder zurück, sind Gräser der vorherigen Bahn unter der neuen vergraben. Also, die vorherige Bahn ein wenig anheben, damit die Gräser wieder frei sind und die neue Bahn heran drücken. Das klingt alles ziemlich kompliziert, geht aber nach der zehnten Bahn flott von der Hand. Noch besser, als jede Beschreibung, sehen Sie es im Video: (www.deingruen.de/garten/rasen-neuanlage/videoanleitung-fertigrasen/).

Achten Sie darauf, dass sich keine Stöße kreuzen. Das erhöht die Stabilität am Anfang. Beginnen Sie mit einer ganzen Rolle und legen eine Bahn durch bis zum Ende. Den Rest, der von dieser Bahn übrig ist (mindestens 50 cm), verwenden Sie für den Beginn der neuen Bahn. Haben Sie keinen Rest, teilen Sie eine Sode in der Mitte. Die nächste Bahn beginnt dann wieder mit einer ganzen Rolle usw. Meist verlege ich zwei oder drei Bahnen gleichzeitig. Das hat den Vorteil, dass ich die Soden nicht so weit tragen bzw. die Schubkarre nicht immer wieder umsetzen muss. Vor Beginn von weiteren Bahnen fahre ich nochmal mit dem Rechen drüber, um Fußspuren oder Spuren der Schubkarre zu beseitigen.

Wem jetzt der Schweiß noch nicht läuft, der ist zu langsam. Das Verlegen ist eine ziemliche Knochenarbeit. Kleine Flächen bis 100 qm können Sie bei vorbereitetem Boden auch alleine ganz gut schaffen. Aber es ist eine Schinderei, weil Sie sich immer wieder bücken müssen.

An **BÖSCHUNGEN** verlegen Sie von unten nach oben. So haben Sie es leicht, die nächste Bahn anzulegen. Sie wird der Schwerkraft folgen und sich fast von selbst an die letzte Bahn anschmiegen. Anderenfalls bekommen Sie große Fugen, das können Sie kaum verhindern. Kleine, arbeitsaufwändige Ecken und Winkel passen Sie mit den Reststücken ein, die immer anfallen.

Noch etwas ganz Wichtiges: Mal über den Rasen zu laufen, ist nicht so schlimm. Aber nicht mit der vollen Schubkarre darüber fahren! Jedenfalls nicht ohne schützende Holzbohlen. Und wenn Sie sich auf den Rasen knien, ist das eine schwere Sünde. Ihre Knie sind nämlich spitzer, als sie denken und Sie hinterließen deutliche Beulen im Rasen. Also legen Sie sich besser Schaltafeln auf den verlegten Rasen oder bleiben Sie auf den Füßen.

Zum Schneiden verwenden Sie ein stabiles, altes Messer. Kleine Ecken und Rundungen legen Sie an die vorherigen Bahnen an und schneiden den Überstand ab. Zum Schluss gehen Sie nochmal außen herum und kontrollieren, dass Sie auch keine unliebsamen Ecken übersehen haben.

Zwischendurch werden Sie immer mal wieder zweifeln, ob Sie auch wirklich richtig gerechnet haben. „Das reich doch nie"! Machen sie ruhig weiter und haben Sie Vertrauen in ihre Mathematik.

Noch ein Hinweis für heiße Tage: Frei liegende Randbereiche, die einen ganzen Tag der Sonne ausgesetzt sind, trocknen so stark aus, dass sie schaden nehmen könnten. Meist sind es ja nur kleine Ecken. Sie sollten die Ränder der Soden einfach mit ein wenig Erde anhäufeln, sodass die Wurzeln vor Sonne und Wind geschützt sind.

■ WALZEN

Zum Walzen melde ich mich freiwillig. Das ist eine Wohltat nach der Schinderei. Außerdem brauche ich dabei nichts denken. Na ja, fast nichts. Walzen Sie möglichst nicht parallel zu den Bahnen. Die Walze kann die Bahnen geringfügig verschieben und dieses Risiko ist minimiert, wenn Sie in schrägem Winkel bzw. diagonal zu den Bahnen walzen.

Wenn Sie diagonal walzen, haben Sie keine Anhaltspunkte, wo die letzte, gewalzte Spur ist. So vergisst man auch mal einen Streifen und das kann dazu führen, dass der Rasen am nächsten Tag, bei großer Hitze, vertrocknet. Also aufpassen! Dass die Walze mit Wasser gefüllt sein soll, hatte ich weiter oben schon erwähnt, das gilt auch hier.

Nach dem Verlegen walzen und beregnen.

■ BEREGNEN

Noch am Abend der Verlegung wird der Rasen beregnet. Die Rasensoden haben jede Menge Stress hinter sich: Das Abschälen und Aufsetzen, der Versand und das Gegrapsche beim Verlegen. Dann auch noch der Wind und die Sonne, wo doch die Wurzeln noch gar kein Wasser aufnehmen können. Jetzt eine ausgiebige Dusche – Ahhhh! Glauben Sie mir, darauf hat sich der neue Rasen schon den ganzen Tag gefreut. Falls Sie mit dem Verlegen wirklich nicht ganz fertig geworden sind, beregnen Sie etwas sparsamer. Schließlich müssen Sie am nächsten Morgen wieder darauf arbeiten. Bei schwerem Boden kann das ein Problem sein, also vielleicht nur zehn Minuten beregnen, bei sandigen Böden dürfen es ruhig 20 Minuten sein.

Aber ich gehe davon aus, dass alles fertig ist und deshalb gönnen Sie Ihrem neuen Rasen jetzt richtig Wasser. Schließlich ist der Boden durchgetrocknet. Wie lange beregnen? Es kommt natürlich auf Ihren Wasserdruck an und darauf, wie Ihre Regner eingestellt sind. Deshalb ist es schwer, zu sagen, wie lange Sie beregnen sollen. Aus dem Bauch heraus etwa eine Stunde. Besser ist es, wie bei der Aussaat beschrieben, einen Regenmesser aufzustellen. So haben Sie eine Kontrolle, wie viel Millimeter Wasser der Rasen bekommen hat.

Je nach Bodenart und Grundfeuchte sollten es ca. 10-40 mm sein, und zwar morgens und abends. Solange, bis der Boden auch in 10 cm Tiefe ausreichend feucht ist. Achtung! Feuchte Böden sind weniger belastbar. Sie sinken ein, wenn Sie darüber laufen, und hinterlassen Spuren. Schwere Böden werden besonders weich. Denken Sie daran, wenn Sie zum Regner einstellen den feuchten Rasen betreten müssen.

6.2 UND DANN?

Freuen können Sie sich schon über ihren Rasen, benutzen aber noch nicht. Das schöne am Rollrasen ist, dass er sofort gut aussieht und Sie ihn nach etwa zwei Wochen voll belasten können. Lassen Sie ihm Zeit zum Anwachsen. So lange halten Sie ihn immer gut feucht. Am Tag der Verlegung sieht der Rasen noch etwas mitgenommen aus – ist ja verständlich. Aber schon zwei Tage später wird er aussehen, als wäre er schon immer hier gewachsen. Der erste Schnitt erfolgt nach frühestens einer Woche bei etwa sechs Zentimeter Wuchshöhe.

Auch hier gilt, generell nicht mehr als ein Drittel kürzen. Bei 6 cm Wuchshöhe stellen Sie den Rasenmäher (scharf müssen die Messer sein) auf 4 cm Schnitthöhe ein. Im Hochsommer bzw. bei Hitzeperioden lieber höher mähen! Die weitere Pflege besprechen wir gleich im Teil B.

An den Rändern trocknet der Rasen schneller aus. Hier mehr wässern!

TEIL B: RASENPFLEGE

Perfekten Rasen bekommen Sie nicht zum Nulltarif. Das ist Ihnen sicher klar. Ich erlebe so oft, dass Kunden das Beste vom Besten haben wollen und nach einem Jahr... Genauso wichtig, wie die Qualität des gelieferten Fertigrasens, ist die Qualität der Pflege! Bewässern, mähen, düngen, vertikutieren, Laub rechen. Fangen wir gleich damit an.

7. BEWÄSSERUNG

7.1 WIE VIEL WASSER BRAUCHT DAS GRAS?

Die Frage ist ungefähr so schwer zu beantworten wie die Frage, wie lange man durch die Wüste läuft – es kommt darauf an... wie der Boden beschaffen ist, wie der Rasen genutzt wird, welche Gräsermischung es ist, welche Jahreszeit wir gerade haben, wie die Witterung ist, ob der Rasen den ganzen Tag der Sonne ausgesetzt ist oder von Bäumen und Hecken beschattet wird und so weiter.

■ WASSERMENGE

Ich kann beim besten Willen keine Regel aufstellen – oder sie wäre so lange, dass sie ein Buch füllen würde. Erfühlen Sie es, wann Ihr Rasen wieder Wasser braucht. Das ist der universelle Rat, den ich Ihnen geben kann. Sie werden sehr schnell ein Gefühl dafür bekommen und im Zweifel nehmen Sie eine Probe. Die tut dem Rasen nicht weh.

Es gibt Bodensonden zur Entnahme von Bodenproben mit einem Durchmesser von 20 mm und 20-30 cm Messlänge. Stechen Sie 10 cm tief ein (für den Feuchtigkeitstest reicht das aus), drehen Sie eine halbe Umdrehung um und ziehen Sie die Sonde wieder heraus. Dann liegt Ihnen das Ergebnis auf der Hand. Meist werden Sie überrascht sein, wie trocken der Boden da unten ist. Mit einem Unkrautstecher geht es auch. Da ist nur das Loch größer, aber Sie bekommen ihn wenigstens in jedem Baumarkt.

Eine „Selfmade-Bodensonde“ zu „bauen“ , ist sehr einfach: Besorgen Sie sich zwei ineinander passende Metallrohre. Das ½ Zoll-Rohr, ca. 30 cm lang (Sie können es auf der Bodenseite etwas anschleifen), schlagen Sie in den Boden, ziehen die Probe und mit dem dünneren Rohr oder Volleisenstange, ca. 35 cm lang, stechen Sie die Erde aus dem Rohr. Sie haben 30 € für die Sonde gespart.

Ein paar Zahlen rücke ich aber doch noch heraus: Für einen durchschnittlich belasteten Rasen im Hausgarten können Sie während der Sommermonate 10-20 mm (=Liter je m²) pro Tag veranschlagen. Während Hitzeperioden 20-30 mm und in den Übergangszeiten 0-10 mm. Zierrasen braucht jedoch mehr Wasser.

Unkrautstecher für Bodenproben.

Sonde.

Niederschlagsmesser.

■ BEWÄSSERUNGSINTERVALL

Kurzes, häufiges Beregnen fördert eine flache Wurzelbildung und damit auch die Scherfestigkeit. Meist wollen wir aber, dass die Wurzeln tiefer gehen. Mit tiefgehenden Wurzeln sind die Gräser in der Lage, sich das Wasser aus tieferen Schichten zu holen und damit sind sie resistenter gegenüber Trockenheit. Das erreichen Sie durch seltenere Intervalle mit größeren Wassergaben, sodass auch in 6-10 cm Tiefe noch Wasser ankommt.

Gebrauchsrasen übersteht auch mal länger andauernde Trockenheit. Zunächst wird der Rasen fahl in der Farbe, silbrig-grün. Ein Zeichen, dass er den Stoffwechsel auf „Sparflamme" umgestellt hat. Nach einigen Tagen des Durstes sterben die ersten Gräser ab und nach einigen Wochen ist die Rasenfläche gleichförmig goldgelb bis braun – verbrannt. Da einige Gräser (vorwiegend Rhizom bildende) sehr widerstandsfähig sind, treiben sie aus den Wurzeln bzw. Rhizomen wieder aus und der Rasen erwacht zu neuem Leben. Allerdings kann sich jetzt das Sortiment verschieben. Die schnell regenerierenden Arten werden den langsamen (das sind die feineren Gräser) gegenüber im Vorteil sein und können diese zurückdrängen. Der Rasen wird also wieder grün, aber das Aussehen verändert sich.

Verbrannter Rasen treibt oft in anderer Zusammensetzung neu aus.

■ REICHT DER REGEN?

Nun klang das bis jetzt so, als müssten Sie jeden Tag bewässern. Keine Sorge, der Himmel schickt uns den größten Teil des Wassers, das der Boden braucht. Nur eben in den letzten Jahren nicht mehr so wohl dosiert, wie wir´s gerne hätten. Sonst würde der natürliche Niederschlag zu zwei Dritteln ausreichen.

Bei schweren Böden können 5-10 kräftige Wassergaben genügen. Das meiste Wasser bringt der Boden selbst durch seine Kapillarkraft aus dem Grundwasser nach oben. Bei sandigen Böden funktioniert das nicht so gut. Deshalb helfen wir bei ausbleibendem Regen nach. Auch hier wieder der Hinweis zum Regenmesser. Von Oktober bis Februar/März brauchen Sie in der Regel gar nicht beregnen, weil dem Rasen bei Temperaturen unter acht Grad nicht nach wachsen zumute ist.

7.2 BEWÄSSERUNGSTECHNIK

as unterirdische, stationäre Bewässerungssystem hatten wir bei der Neuanlage schon besprochen. Die Alternative zum Bewässerungssystem ist der gute alte Wasserschlauch mit den passenden Regnern. Diese Regner sind sehr vielfältig im Handel.

■ VIERECKREGNER

Sie sind geeignet für möglichst rechteckige oder quadratische Flächen aller Größen. Viele sind exakt einstellbar in Länge und Breite, und die Wurfweite, wenn nicht am Gerät regelbar, können Sie mit dem Wasserdruck regulieren. Nachteil dieser Regner ist bei starkem Wind die **ABDRIFT** aufgrund der dünnen Wasserstrahlen. Das ist manchmal schon nervig: Sie stellen den Regner genau ein, wie Sie ihn haben wollen, tüfteln fünf Minuten herum und wurden dabei dreimal geduscht. Dann kommt ein wenig Wind auf und auf der einen Seite bleibt es plötzlich trocken, auf der anderen Seite wird die Straße beregnet, weil der Wind das Wasser drei Meter weiter trägt. Viereckregner beregnen nicht die großen Flächen wie Kreisregner. Meines Wissens schaffen die größten 350 m², was im Hausgarten ja meist ausreicht. Anzumerken ist bei Viereckregnern, dass bei Verwendung von Brunnenwasser ein zuverlässiger Filter installiert sein muss, da sonst die feinen Düsen verstopfen.

Viereckregner sind windempfindlich.

Den Regnertyp oben habe ich selbst als Einbauregner verwendet. Das ging drei Jahre lang gut, bis die **AMEISEN** ein neues zuhause darin fanden. Ich konnte sie weder mit Überschwemmungen, noch mit Präparaten zu einem Umzug bewegen. Das Ergebnis der „Hausbesetzer“: Der Regner ist unbrauchbar. Selbst nach Ausbau und gründlichem Durchspülen des Regnerkopfes dauert es nur einen Tag, bis sich die neuen Bewohner wieder im Getriebe eingenistet haben. Nun habe ich also einen Regner für die Ameisen und diesen im Bild oberirdisch für meinen Rasen. **FAZIT:** Achten Sie beim Kauf darauf, dass die Regner „ameisensicher"sind.

■ KREISREGNER

Dieser Typ ist leichter einzustellen und unempfindlicher gegenüber dem Wind. Sie können aus dem Kreis einen beliebig großen Sektor auswählen oder den Regner rund laufen lassen. Aufgrund der günstigeren „ballistischen Kurve" kann der Kreisregner auch unter hochkronigen Bäumen seine Dienste tun, wo der Viereckregner nur noch bedingt einsetzbar ist. Kreisregner haben nur einen kräftigen Wasserstrahl und erzeugen einen Rückstoß. Deshalb werden sie durch Erdspieße fixiert oder mit einer Steinplatte beschwert. Nachteil der Kreisregner ist die Doppelberegnung. Wenn Sie eine größere Fläche mit zwei oder drei Kreisregnern berieseln, wird es immer Stellen geben, die von zwei Regnern Wasser bekommen. Neben dem üblichen Baumarkt-Programm gibt es hochwertiges Profi-Equipment, z.B. von Hunter oder Perrot.

Im **GETRIEBEREGNER** treibt der Wasserdruck die Düse gleichmäßig weiter. Meist sind die Düsen regulierbar und so leicht den örtlichen Verhältnissen anzupassen. Bei genügend Wasserdruck gibt es Regner bis ca. 25 Metern Wurfweite, die annähernd 2000 m² beregnen. Regner mit einem Edelstahlgehäuse und -Getriebe sind solchen aus Plastikregnern in Sachen Stabilität und Störungsanfälligkeit überlegen. Auch bei den Getrieberegnern kann verschmutztes Wasser (oder Ameisen) die Turbine blockieren. Der Regner bleibt dann einfach stehen und setzt einen Sektor unter Wasser.

Schwinghebelregner.

Getrieberegner

Die Mechanik des **SCHWINGHEBELREGNERS** ist so alt wie bewährt: Der Wasserstrahl trifft auf einen seitlichen, gefederten Schwinghebel, der ihn abstößt. Die Feder bringt den Schwinghebel immer wieder zum Wasserstrahl, präzise wie ein Uhrwerk. Mit dem „Strahlstörer" wird die Wurfweite reguliert. Eine äußerst einfache wie zuverlässige Technik. Deshalb ist dieser Regner mein persönlicher Favorit. Zumindest in Metallausführung ist er nicht kaputt zu kriegen.

Allerdings wird der Schwinghebelregner in der Einbauvariante kaum in Baumärkten angeboten. Gezielt im Web danach gesucht, bin ich bei meiner Recherche jedoch schnell fündig geworden.

■ SPRÜHREGNER sind für Kleinflächen konstruiert. Es gibt einfachste Modelle, die nur einen Wasserstrahl über ein Prallblech kreisförmig verteilen bis hin zu Getrieberegnern, bei denen eine oder mehrere Düsen schnell rotieren und so sehr fein beregnen können.

Links: Sprühregner mit div. Düsen
Rechts Vielflächenregner

■ VIELFLÄCHENREGNER

Er ist eine neuere Entwicklung. Der Vielflächenregner wird elektronisch (mit Batterieversorgung) gesteuert und so programmiert, dass er an beinahe jeden Ort im Garten kommt. Bei einer Wurfweite von ca. 10 m kann er gut 300 qm beregnen.

■ GARTENSCHLAUCH MIT BRAUSE

Kaum zu glauben, das gibt es noch. Ich gieße gerne damit. Das hat etwas Meditatives. Bei den üblichen Gartenwasser-Anschlüssen von ½ Zoll kann das bei 100 qm Rasenfläche leicht eine Stunde dauern. Das ist etwas für Zen-Meister. Bei einem ¾ Zoll-Anschluss geht schon die doppelte Menge Wasser durch und bei 1 Zoll die 4-fache Wassermenge. Dann dauerte das Wässern nur 15 Minuten. Dafür reicht meine Geduld noch.

Wenn Sie die Möglichkeit haben, einen stärkeren Gartenwasser-Anschluss zu setzen – tun sie es! Sie sparen sich viel Zeit und eröffnen sich auch die Möglichkeit, zwei oder drei Regner gleichzeitig laufen zu lassen.

7.3 WOHER KOMMT DAS WASSER?

Schon bei 200 m² Gartenfläche macht es einen gewaltigen Unterschied, ob Sie das teure Wasser aus der Hausleitung oder eigenes verwenden. Deshalb will ich kurz darauf eingehen.

■ HAUSLEITUNG

Der durchschnittliche Wasserpreis einschl. Abwasserentsorgung liegt hierzulande bei etwa 5,50 €. Der größere Teil davon entfällt auf das Abwasser. Allerdings gibt es regional horrende Preisunterschiede. So rechnet es sich durchaus, über Alternativen nachzudenken. Die einfachste Möglichkeit ist ein zweiter Zähler für das Gartenwasser. Die meisten Anbieter lassen diese Möglichkeit zu, verlangen aber zusätzliche Gebühren. Ein Beispiel: Bei 200 m² Gartenfläche verbrauchen Sie ca. 150 m³ Wasser. Wenn Sie 3,00 € Abwasser je m³ sparen und 50 € Grundgebühr für den zweiten Zähler dazu kommen, haben Sie 400 € im Jahr eingespart. Nehmen Sie sich Ihre letzte Abrechnung vor und kalkulieren Sie, wie viel Sie einsparen können.

■ ZISTERNE

Das Oberflächenwasser (hauptsächlich vom Dach) wird sich nicht immer rechnen. Um 200 m² mit 20 mm zu beregnen, brauchen Sie 4 m³ Wasser. Zwei Wassergaben sollte der Wasservorrat wenigstens fassen, möglichst ein bisschen mehr. Da wären wir bei 8-10 m³! Wenn wir den Wetterverlauf der letzten Jahre betrachten, kann es im Sommer mal zwei bis drei Monate trocken bleiben. Da sind die 10 m³ in drei Tagen weg und Sie beregnen wieder mit Hauswasser. Andererseits läuft die Zisterne in der Regel von Ende September bis Ende März über, weil im Garten nichts gebraucht wird. Die relativ hohe Investition für eine Zisterne wird sich also nur selten rechnen.

■ BRUNNEN

Durchaus lohnend kann ein eigener Brunnen sein. Dafür brauchen Sie übrigens eine Genehmigung, die aber in der Regel erteilt wird. Das Brunnenwasser ist für den Garten obendrein besser als das mit Chlor versetzte Hauswasser. Je nach Grundwasserstand und Beschaffenheit des Untergrundes kostet so ein Brunnen inklusive Pumpe ca. 1500 bis 5000 €. Dem Brunnen ist es dann egal, ob Ihr Garten 50 oder 5000 m² groß ist. Je größer die Fläche und je heißer der Sommer, umso mehr wird sich ein eigener Brunnen rechnen. Außerdem sind Sie mit einem eigenen Brunnen weitgehend autark. Die Krisensicherheit war für mich ein weiterer Grund, einen Brunnen zu bohren.

Wichtig ist beim Brunnen wie bei der Zisterne eine sehr gute Filterung, bevor der Regner damit gefüttert wird. Sonst blockieren kleinste Körnchen das Getriebe und der Regner bleibt stehen. Und wenn Sie mit einer feinen Brause gießen, merken Sie auch schnell, wenn das Wasser unsauber ist: Die Strahlen werden weniger und weniger und weniger... Im Allgemeinen ist das Brunnenwasser sehr sauber und hat in vielen Gegenden Trinkwasser-Qualität.

Ist der Brunnen gebohrt, ragt am Ende nur ein Kunststoffrohr von 20 cm Durchmesser aus dem Boden. Eine Tauchpumpe fördert das Wasser zum Beregnungssystem.

Ein eigener Brunnen macht unabhängig und kann sich schnell rechnen.

8. RASEN MÄHEN

Zierrasen braucht anspruchsvollere Pflege als Gebrauchsrasen und das beginnt schon beim Schnitt. Sie überlegen sich, wie viel Zeit und Geld Sie in Ihren Rasen investieren möchten – ich zeige Ihnen auf, wie Sie das optimale Ergebnis erzielen.

Der Schnitt beeinflusst die Entwicklung des Rasens wesentlich.

8.1 RICHTIG MÄHEN

■ WARUM MÄHEN?

Ja, die Frage ist durchaus ernst gemeint. Wir mähen nicht nur, weil das Gras sonst zu hoch wird. Mit dem Schnitt beeinflussen wir ganz wesentlich das Rasenbild. Durch den Schnitt regen wir die Gräser zu dichterem Wachstum an und fördern so eine feste, strapazierfähige Grasnarbe. Gleichzeitig halten wir die großblättrigen, höher wachsenden Unkräuter in Schach. Es gibt auch keine Alternative zum Mähen, wenn wir unseren Rasen nutzen wollen. Boccia auf der Wiese macht nämlich nicht wirklich Sinn. Selbst einfache Spiele auf 20 cm hohem Rasen würden ihm zusetzen.

■ WIE HOCH?

„Je kürzer, desto besser", heißt es allgemein. Da ist etwas dran, aber alles hat seine Grenzen. Die wollen wir genauer beleuchten. Die Rasengräser werden durch starken Schnitt geschwächt. Deshalb **REGEL NR. 1:** Schneiden Sie etwa ein Drittel der Halmlänge. Das verkraften die Gräser noch gut und sie wachsen ohne Stockung weiter. Wird die Hälfte oder gar noch mehr gekürzt, ist das Stress für den Rasen und sein Wachstum gerät ins Stocken. Die Folge: Es bilden sich erste Lücken, worauf Unkräuter schon lange gewartet haben.

So bitte nicht: Von 15 auf 4 cm mähen schadet dem Rasen.

Damit sind wir bei der Mindestschnitthöhe und **REGEL NR. 2:** Gebrauchsrasen nicht tiefer als 4 cm; Zierrasen nicht tiefer als 3 cm mähen. Schneiden Sie lieber etwas höher, als zu tief. Pflanzen brauchen Blattfläche, um assimilieren und damit wachsen zu können. Werden sie ständig am Minimum gehalten, können sie kein üppiges Wachstum entwickeln. Mit dem Schnitt steuern Sie auch die Zusammensetzung Ihres Rasens. Durch regelmäßiges Mähen erhalten Sie das ursprünglich breite Gräsersortiment. Mähen Sie dagegen unregelmäßig, lassen die Gräser auch mal 20 cm hoch werden – man will ja schließlich Zeit sparen – verabschieden sich die anspruchsvolleren Gräser. Der Rasen wird in seiner Zusammensetzung grobblättriger und lückenhaft.

REGEL NR. 3: Schonschnitt bei Hitze. Während Hitzeperioden sollten Sie niemals kurz mähen! Wärme fördert das Wachstum – bis ungefähr 26°C. Bei höheren Temperaturen wächst die Pflanze immer langsamer. Bei über 30°C und sengender Sonne reduziert sie das Wachstum auf absolute Sparflamme. Haben Sie das auch schon bemerkt?

Nun versetzen Sie sich mal in die Gräser: Die Halme sind 8 cm hoch und können den Boden ganz gut beschatten. Sie brauchen wegen der Hitze mehr Blattmasse, um den verlangsamten Stoffwechsel auszugleichen. Da nähert sich der Rasenmäher und rasiert alles auf 4 cm ab. Was dann folgt, kennen Sie vielleicht schon aus Erfahrung. Bei kurzem Schnitt während Hitzeperioden verbrennt der Rasen. Das können Sie auch durch intensives Bewässern nicht mehr verhindern, allenfalls mildern. Während Hitzeperioden also nur 6 cm tief mähen.

Mähtest im Hochsommer: links 6cm, rechts 4cm tief gemäht.

Das Bild oben zeigt deutlich den Unterschied. Die Bedingungen: Im Juli seit Tagen anhaltende Hitze. Der Rasen stand 8 cm hoch. Zum Versuch wurde die linke Hälfte auf 6 cm, die rechte Hälfte auf 4 cm tief gemäht. Das Foto entstand nur 24 Stunden nach dem Mähen. Der Rasen wurde nach dem Schnitt durchdringend beregnet. Dennoch zeigt die rechte Hälfte deutliche Verbrennungsschäden.

■ WIE OFT?

Für Top-Zierrasen sollten Sie ca. 30-40 Schnitte investieren. Hier ist die Regelmäßigkeit besonders wichtig. In den Haupt-Wachstumsmonaten im Frühjahr ist zwei mal pro Woche zu mähen. Die Schnitthöhe und vor allem die Anzahl der Schnitte pro Jahr sind ganz wesentlich von den Wachstumsfaktoren abhängig, also Boden, Witterung und vor allem von der Düngung. Bei den angegebenen Zahlen bin ich von optimalen Bedingungen ausgegangen.

Nun zum Gebrauchsrasen: Nach oben genannter „Ein-Drittel-Regel“ sind Schnitthäufigkeit und Schnitthöhe nicht zu trennen. Mähen Sie 12-15 mal pro Jahr, werden Sie einen durchschnittlichen Gebrauchsrasen haben. Mäßig strapazierfähig, mit einigen Unkräutern durchsetzt und insgesamt eher lichter Grasnarbe. Das ist durchaus in Ordnung – Sie dürfen nur keine höheren Erwartungen an Ihren Rasen haben. 12-15 Schnitte heißt etwa, von März bis Juni alle zwei Wochen, von Juli bis Oktober im Drei- bis Vier-Wochen-Rhythmus. Die „Ein-Drittel-Regel" ist bei 12 Schnitten im Jahr gar nicht mehr einzuhalten. Der Rasen wächst im Mai innerhalb von zwei Wochen ca. 12-18 cm. Da sind leicht zwei Drittel weg.

Sind Sie anspruchsvoller? Dann finden wir einen Kompromiss: Für einen strapazierfähigen Gebrauchsrasen mit dichter Narbe bei wenig Unkrautbesatz, sollten Sie etwas mehr Zeit investieren. 20-25 Schnitte Pro Jahr sind eine gute Grundlage für einen respektablen Spiel- und Gebrauchsrasen. Bei Sportrasen eher 30 Schnitte und mehr.

Ein Mähkalender könnte in unseren Breiten so aussehen:

Monat	März	April	Mai	Juni	Juli	Aug.	Sept.	Okt.	Nov.
Häufigkeit	1-3	3-4	4	4	3	2	2	2	0-1

Anzahl der Schnitte pro Monat.

Übrigens: Besonders viel Zeit sparen Sie nicht, wenn Sie nur zwölf mal pro Jahr mähen. Der Rasen steht dann 12-18 cm hoch. Diesen auf 6-8 cm zu mähen, braucht mehr als die doppelte Zeit, als von 8 auf 5 cm zu mähen. Das ist natürlich abhängig von Ihrem Rasenmäher – womit wir beim nächsten Thema wären.

8.2 RASENMÄHER - DER RICHTIGE

Rund 70 Hersteller und Importeure bieten etwa 1500 verschiedene Rasenmäher-Typen an. Der Markt ist unüberschaubar. Ich will die Angebote auf den Hausgartengebrauch und die gängigsten Mäherarten reduzieren, um einen Überblick zu ermöglichen. Schließlich soll es für Sie eine Entscheidungshilfe sein. Im Prinzip bestimmen die Größe Ihres Gartens und die Art des Rasens die dafür geeigneten Geräte. Deshalb besprechen wir zunächst die Mäherarten:

8.2.1 SPINDELMÄHER

Ein feststehendes Gegenmesser in Verbindung mit einer rotierenden, mit Messern besetzte Spindel funktioniert nach dem Scherenprinzip: Die Grashalme werden erst erfasst und dann sauber abgeschnitten. Die Zahl der Messer an der Spindel und die Drehzahl bestimmen die Schnittqualität. Einfache Modelle haben nur 5-6 Messer in der Spindel. Es sind meist handbetriebene Mäher.

Handgeführter Spindelmäher.

Das ist übrigens die Ursprungsform der ersten „Rasenmähmaschine", erfunden Anfang des 19. Jahrhunderts. Solche Mäher sind für kleinste Flächen bis 50 qm noch geeignet – oder man macht sich einen Sport daraus. Es kostet nämlich Kraft, die große Übersetzung der Spindel so schnell vorwärts zu bewegen, dass sie die nötige Umdrehungszahl bekommt.

Spindelmäher werden für den privaten Einsatz erst in jüngster Zeit als motorgetriebene Geräte angeboten. Sie sind erheblich teurer als Sichelmäher; das kann sich aber mit steigenden Serienzahlen noch ändern. Ich vermute, dass sich die Spindeln in der hochwertigen Rasenpflege verbreiten werden. Bislang waren Spindelmäher eher dem Profi bzw. der anspruchsvollen Großflächenpflege vorbehalten (Sportplätze oder öffentliche Anlagen). Es sind motorgetriebene Aufsitzmäher mit mehreren Metern Arbeitsbreite.

Je nach Qualitätsanspruch haben diese Spindeln 6-12 Messer und liefern ein bestechend akkurates Schnittbild. Die Grashalme werden nicht ausgefranst, sondern glatt abgeschnitten. Dies verhindert ihr Austrocknen und das Braunwerden der Grasspitzen. Es ist mit Abstand die schonendste und schönste Mäh-Technik. Auf Golfgreens wird mit Spindelmähern bis auf 5 mm (!) herunter gemäht. Der Einsatz des Spindelmähers verlangt eine ebene Fläche. Kleine Unebenheiten oder gar Maulwurfshügel darf es nicht geben.

Und noch eine Eigenheit des Spindelmähers: Er kann maximal nur halb so hoch mähen, wie die Spindel im Durchmesser ist. Eine 25 cm Spindel kann also theoretisch nur 12 cm hohes Gras mähen. Aber wer einen Spindelmäher nutzt, wird ohnehin oft und kurz mähen. Sonst könnte man ja auch mit dem Sichelmäher arbeiten. Beim Spindelmäher bleibt meist das Schnittgut liegen. So gesehen ist der Spindelmäher auch ein Mulchmäher. Das funktioniert aber nur bei sehr häufigen Schnitten, denn wenn Halmlängen über 10-15 mm im Rasen liegen, verrotten sie nicht schnell genug. Mehr dazu bei den Mulchmähern.

8.2.2 SICHELMÄHER

Ein horizontal rotierendes Messer schneidet die Halme ab. Eigentlich werden die Halme eher „abgeschlagen", denn der Sichelmäher hat keine Gegenklinge. Er funktioniert aufgrund seiner hohen Drehzahl. Dennoch ist das Messer regelmäßig zu schärfen, um einen sauberen Schnitt zu ermöglichen. Sichelmäher gelten als Allroundmäher: Eine Schnitthöhe von 3-15 cm schafft beinahe jeder. Besonders starke Mäher werden sogar mit einer Wiese fertig. Allerdings auf Kosten des Schnittbildes. Werden die Mäher überfordert, so wird manchmal ein zweiter Mähgang erforderlich, weil die Messer mehr „rupfen" als schneiden und das auch noch ungleichmäßig.

Mit stumpfen Messern ist kein sauberer Schnitt möglich.

Mäher mit Radantrieb.

Der Luftkanal ist die Achillesferse.

Das Messer schneidet nur an den äußersten 8-12 cm. Die Arbeitsbreiten liegen bei 36 bis 70 cm, bei Aufsitzmähern bei 80 bis 120 cm. Das charakteristische am Sichelmäher ist ein Luftkanal, durch den das Mähgut angesaugt und in einem eingehängten Grasfangkorb gesammelt wird. Dieser Luftkanal ist auch die „Achillesferse". Ist das Gras nur leicht feucht, verstopft der Luftkanal schnell und das Schnittgut bleibt als hässliche Häufchen unregelmäßig liegen. Für mich ist deshalb entscheidend, wie gut dieser Luftkanal auch bei schwierigen Bedingungen funktioniert.

Der Grasfangkorb muss, je nach Schnittmenge, oft entleert werden. Ist ein dichter Rasen z.B. 10 cm hoch und Sie mähen auf 6-7cm, wird ein 30-Liter-Behälter schon nach 30 qm voll sein. Dann verstopft natürlich der Luftkanal und der Mäher arbeitet nicht mehr sauber. Das Leeren des Fangkorbes und das Reinigen des Luftkanals kann also mehr Zeit in Anspruch nehmen, als das Mähen selbst.

Die Rasenmäher sind leicht zu bewegen. Viele Mäher haben einen Radantrieb und das ist bei größeren Flächen, besonders auf Hanglagen, eine wesentliche Erleichterung. Die Sichelmäher haben eine Drehzahl von 2800-3000/Minute. Deshalb sind die Sicherheitshinweise genau zu beachten. Unsachgemäßes Wechseln oder Schärfen der Messer kann bei so hohen Drehzahlen gefährlich werden.

Im Fachhandel, in den Baumärkten und besonders im Internet wird ein breites Sortiment an Rasenmähern angeboten. Wenn Sie Wert auf Qualität und gute Funktion legen (Stichwort Luftkanal), empfehle ich Ihnen einen der namhaften Hersteller, die auch häufig im Profi-Einsatz sind (z.B. Husqvarna, Honda, Sabo, Toro). Nach meiner Erfahrung rechnen sich die Mehrkosten solcher Profi-Geräte bei größeren Flächen durchaus. Sie bekommen alle Ersatzteile und dürfen davon ausgehen, dass der Mäher im privaten Gebrauch Jahrzehnte seinen Dienst tut.

Der **LUFTKISSENMÄHER** ist eine Variante des Sichelmähers. Er erzeugt über ein Gebläse einen starken Luftstrom, der über ein speziell geformtes Gehäuse den Mäher auf gleichmäßiger Höhe halten soll. Diese Modelle konnten sich auf dem Markt nicht durchsetzen, weil sie entweder keinen Fangkorb haben oder mit diesem nicht richtig funktionieren. Füllt sich nämlich der Korb, kippt der Mäher nach hinten. Luftkissenmäher sind sehr leicht gebaut und beinahe ohne Kraftaufwand zu bewegen. Besonders an Böschungen spielen sie diesen Vorteil aus.

8.2.3 MÄHROBOTER

Der Mähroboter – des Mannes liebstes Kind. Es ist im Prinzip ein automatisierter Akkumäher der Luxusklasse, gleichzeitig aber auch ein Mulchmäher mit all seinen Vorteilen. Die Vollautomaten stehen auf der Ladestation am Rande der Rasenfläche. Sie bewegen sich wie von Geisterhand, weichen Hindernissen aus und finden schließlich auch ihre Ladestation wieder.

Ein Begrenzungsdraht (Induktionskabel) wird entlang der Rasengrenze meist oberirdisch verlegt, mit speziellen Erdnägeln befestigt und an die Steuereinheit der Ladestation angeschlossen. Er gibt dem Mäher das Begrenzungssignal. Der Mäher fährt die Rasenfläche so oft und so lange ab, wie ihm bei der Programmierung befohlen wurde. Er mäht nicht etwa Bahn für Bahn, sondern fährt nach dem Zufallsprinzip einfach drauf los, kreuz und quer, solange bis die programmierte Zeit abgelaufen oder der Akku leer ist.

Ein Induktionskabel sagt dem Mähroboter, wo es lang geht.

Der Schnitt ist besonders sauber, weil die Geräte mit ein bis drei, mit hoher Drehzahl rotierenden Messern mähen. Deshalb ist er auch sehr leise – ein Genuss für die Ohren. Üblicherweise arbeitet das Gerät täglich über eine programmierte Zeit, sodass der Rasen meist nur um einige Millimeter beschnitten wird. Das ist sehr schonend für die Gräser und kommt der Rasenpflege entgegen. Das Schnittgut bleibt natürlich liegen. Somit kann man den Mähroboter - wie den Spindelmäher auch - in die Kategorie der Mulchmäher einreihen. Die Vorteile der Mulchmäher besprechen wir im nächsten Kapitel.

Der Preis ist aufgrund der starken Nachfrage in den letzten Jahren drastisch gesunken. Einsteigermodelle beginnen schon bei unter 1000 €, Markengeräte ab etwa 1400 € und die Leistungsstarken Topmodelle kosten 2000 bis 4000 €, wobei die Grenzen nach oben flexibel sind, auch abhängig vom gewünschten Zubehör.

An steileren Böschungen kommt mancher Roboter jedoch an seine Grenzen. Nicht nur deshalb sollten Sie auch das Kleingedruckte in den Herstellerangaben lesen.

Trotz der unschlagbaren Vorteile hinsichtlich Schnittbild, Zuverlässigkeit, Geräuschpegel, gepflegtem Rasen und Arbeitserleichterung hat mich ein „Wermutstropfen" bislang von den Mährobotern abgehalten: Die Begrenzungskabel sehen die Hersteller am liebsten oberirdisch, weil sie dann zuverlässigere Signale geben. Außerdem ist die Kabelverlegung oberirdisch sehr einfach. Damit habe ich aber ein Problem beim Vertikutieren und gerade bei gemulchten Rasenflächen ist das Vertikutieren besonders zu empfehlen.

Mähroboter in der Ladestation. rechts: besonders sauberer Schnitt.

Die Lösung könnte das unterirdische Verlegen, etwa 20-30 mm unter der Grasnarbe sein. Wenn dann jedoch der Draht z.B. beim Unkraut stechen durchtrennt wird oder das Impulskabel nachjustiert werden muss, wird es ziemlich aufwändig.

Mittlerweile sind zwei neue Roboter auf dem Markt, die vollkommen ohne Impuls gebenden Begrenzungsdraht auskommen. Sie erkennen den Rasen über Sensoren - theoretisch. Tatsächlich mähen sie auch gnadenlos über niedrige Bepflanzungen hinweg, wenn dort keine Begrenzung angebracht ist. Am besten funktionieren solche durch Sensoren gesteuerten Roboter bei rundum begrenzender Mähkante bzw. Wegen. Die Technik steckt noch in den Kinderschuhen, entwickelt sich jedoch in rasendem Tempo. So warte ich lieber noch, bis auch namhafte Hersteller erprobte und bewährte Lösungen ohne Begrenzungsdraht auf den Markt bringen.

8.2.4 MULCHMÄHER

Auch beim Mulchmäher schneidet ein horizontal rotierendes Messer die Gräser ab. Das hat er mit dem Sichelmäher gemeinsam. Durch speziell gekröpfte Messer entsteht ein Luftwirbel, der das Schnittgut mehrmals zum Messer führt. So wird das Gras fein zerkleinert. Der Luftwirbel sorgt gleichzeitig für eine gleichmäßige Verteilung der fein gehäckselten Gräser. Da die Pflanzenteile sehr fein und quasi schon „durchgewalkt“ sind, beginnt ihre Zersetzung sofort.

Mulchmäher häckseln sehr fein.

FOTOS: AS-MOTOR

Bei einem Schnitt von 7 cm auf 5 cm im Turnus von drei bis vier Tagen ist das letzte Schnittgut unter Idealbedingungen zersetzt, bevor Neues folgt. Wächst der Rasen schneller, als sich das Schnittgut zersetzen kann, muss es aufgenommen und vom

Rasen entfernt werden. Anderenfalls setzt es sich im Rasen fest, verfilzt und führt zu vermindertem Wachstum, lichter Grasnarbe und Anfälligkeit gegen Pilzkrankheiten.

Dies bedeutet, dass ...

- während der Haupt-Wachstumszeit im April/Mai etwa jeder zweite Schnitt entfernt werden muss
- zeitlich sehr regelmäßig zu mähen ist und
- nur bis maximal 2 cm langes Schnittgut noch liegen bleiben darf.

Nicht jede Grasart verträgt einen kontinuierlich kurzen Schnitt unter vier Zentimetern in Verbindung mit dem Mulchen. Dagegen ist ausgerechnet das feine Lägergras, das im „Supra Rasen“ vertreten ist, empfindlich. Kontinuierliche Züchtungsversuche und die Weiterentwicklung der Mäher werden uns im Hinblick auf das Mulchen in den nächsten Jahren sicher weiter bringen.

Längeres Schnittgut zersetzt sich langsamer. Die Qualität des Rasens würde langfristig leiden. Also, je feiner gehäckselt, desto besser. Daraus ergibt sich ein kleines Problem während Ihres Urlaubs. Entweder, Sie finden einen Wohltäter, der die Arbeit regelmäßig übernimmt, oder Sie entfernen nach drei Wochen Mähpause das hoch gewachsene Gras komplett. Dann aber in zwei Mähgängen im Abstand weniger Tage.

Der Mehraufwand des Mulchens ist kaum auszumachen. Eine gut gepflegte Rasenfläche braucht bei konventionellem Mähen mit Abräumen des Mähguts ca. 20-25 Schnitte pro Jahr. Beim Mulchmähen gehen wir von 40-50 Schnitten aus, wobei sich der Zeitaufwand durch das entfallende Abräumen halbiert. Nur etwa 8-10 Schnitte sind voraussichtlich abzuräumen.

Der wesentliche Vorteil des Mulchens besteht in der Rückführung organischer Substanz in ihren natürlichen Kreislauf. Wird dem Boden durch ständiges Entfernen des Schnittguts organische Substanz – und damit Nährstoffe – entzogen, muss dies über Dünger und Bodenverbesserer wieder zugeführt werden. Außerdem ist es auch ein zusätzlicher Schutz vor der Austrocknung des Bodens.

Beim Mulchen ist nur etwa die Hälfte der Nährstoffe zuzuführen wie bei konventionellem Mähen. Das ist doch was oder? Die Qualität des Mulchens ist leicht zu überprüfen, indem sie mit der flachen Hand über die gemulchte Fläche streichen. Es dürfen keine Grasreste oben zwischen den Halmen liegen (sie würden nicht schnell genug verrotten und sähen unschön aus). Das Mulchmaterial soll direkt unten an der Grasnarbe liegen. Je feiner es zerkleinert ist, umso leichter ist das möglich.

Mulchmäher sind wegen ihres höheren Kraftbedarfs fast nur mit Benzinmotor zu haben. Viele Hersteller preisen ihren Mäher auch als Mulchmäher an. Aber da bin ich skeptisch, weil ein Mäher mit Grasfangkorb nicht gleich zum Mulchmäher wird, indem man den Fangkorb entfernt. Einige Hersteller bieten Umrüst-Sätze für ihre Geräte an. Meist ist das Kernstück ein speziell geformtes Messer. Erfahrungsgemäß sind aber speziell für ihren Zweck entwickelte Maschinen in ihrer Handhabung und Funktion den Kombigeräten haushoch überlegen.

Wir haben bis jetzt nur den mehr oder weniger intensiv gepflegten Rasen besprochen. Das ist ja auch unser Thema. Der Vollständigkeit halber will ich auch noch kurz auf die Wiese eingehen.

Mulchmäher wurden ursprünglich für Wiesen entwickelt.
FOTOS: AS-MOTOR

Der Mulchmäher wurde ursprünglich für Wiesen und für die Kultivierung von Ödland entwickelt. Hier wird meist nur zwei bis vier mal im Jahr gemäht. In der Landschaftspflege werden Schlegelmähwerke eingesetzt. An einer rotierenden Walze hängen bewegliche Schlegel oder Ketten, die Gras und Gebüsch mähen und gleichzeitig vermulchen.

8.2.5 BALKENMÄHER

Auch der Balkenmäher kommt nur für die Wiese bzw. höheres Gras in Betracht. Ein horizontaler Messerbalken mit einer starren Messerreihe unten und einer angetriebenen Messerreihe oben mäht in 60-160cm Breite. Für den Gebrauchsrasen ist er ungeeignet, weil er nicht tief und nicht gleichmäßig genug mäht.

8.2.6 HAND-, ELEKTRO- ODER BENZINMÄHER?

Handbetrieben ist nur der kleine Spindelmäher.

■ **ELEKTROMÄHER** sind leise, der Motor weitgehend wartungsfrei und kaum anfällig für Reparaturen. Wer beim Versuch, einen bockigen Benzinmäher zu starten, schon mal ein Hemd durchgeschwitzt hat, weiß den E-Motor zu schätzen. Er ist leicht zu starten und leicht zu lenken. Der Vorteil der Elektro-Rasenmäher ist eindeutig die niedrigere Geräuschbelastung gegenüber den Benzinmähern. Der blaue Umweltengel kennzeichnet „Flüstermäher", also Modelle, die besonders geringe Belastungen für die Umwelt mitbringen. Außerdem sind sie wesentlich günstiger als Benzinmäher und für kleine Reihenhaus-Gärten vollkommen ausreichend.

Es fehlt ihnen jedoch manchmal an Kraft. Bei einem 12 cm hohen Rasen geht so mancher Elektromäher schon in die Knie. Die Schnittbreiten liegen zwischen 33 und 45 cm. Bei 42 cm sollte er wenigstens 1600 Watt unter der Haube haben. Ständige Überlastung durch zu hohe Schnittlängen hält auch der beste E-Mäher nicht durch.

Sein großes Manko: Das lästige Kabel! Es ist schon etwas nervig, das Kabel immer aus dem Arbeitsbereich zu halten und wenn man einmal nicht aufpasst, ist es passiert. Ungezählte Kabel sind schon in den Rasenmäher geraten. Auch dafür hat mancher Hersteller eine Lösung gefunden: Durch eine Kabeltrommel wird das nicht gebrauchte Kabel automatisch aufgerollt und immer auf Zug gehalten.

■ **BEI AKKU-RASENMÄHERN** entfällt das Kabel – eine tolle Sache. Mittlerweile sind die Akkus so leistungsfähig, dass die Mäher auch 200 qm ohne Probleme schaffen. Die Flächenangaben für die Mähleistung mit einem vollen Akku wird von den Herstellern gerne nach oben gepuscht. Sind 400 qm angegeben, können bei etwas höherem Rasen in der Praxis leicht 100-200 qm daraus werden. Lithium-Ionen-Akkus haben keinen Memory-Effekt und sind langlebig. Eventuell ist ein Wechselakku zu empfehlen, wenn die Fläche im Grenzbereich der Leistungsfähigkeit liegt. Neben den Mährobotern sind handgeführte Akku-Geräte im Hausgarten zur Zeit die Favoriten.

■ **DER BENZINMÄHER** ist (noch) am weitesten verbreitet. Zumindest bei Flächen über 200 qm und wenn das Gras auch mal etwas höher steht, oder einfach nur unregelmäßig gemäht wird. Er hat eben mehr Kraft, als der Elektromotor. Benzinmäher werden schon ab 100 € angeboten. Diese Billigangebote kommen fast ausschließlich aus Fern-Ost. Erfahrungen damit zeigen ein Defizit bei den Ersatzteilen und beim Service. Beim Online-Kauf ist so manches Schnäppchen zu machen. Bedenken Sie aber, dass diese Geräte erst noch zusammengebaut werden müssen und dass der Service sichergestellt sein muss. Dies gilt auch für Geräte aus den Baumärkten.

Die Zeit der stinkenden, extrem lärmenden Zweitakt-Motoren ist vorbei. Aufgrund der gesteigerten Emissions-Richtlinien sind neuere Rasenmäher (auch kleine) mit Viertakt-Motoren ausgestattet, die wesentlich leiser sind und nur noch einen Bruchteil der Schadstoffe in die Luft blasen, als die alten Zweitakter. Nur im speziellen Einsatz kann man auf den Zweitakt-Motor noch nicht verzichten: An Böschungen, z.B. in der Landschaftspflege oder bei motorbetriebenen Handgeräten wie Kettensäge oder Freischneider.

Achten Sie beim Kauf auf die Lärmbelastung, die als Schalldruckpegel in Dezibel, abgekürzt „Db“, angegeben wird. Gesetzlich ist der Geräuschpegel begrenzt, z.B. bei mittelgroßen Benzinmähern von 40-48 cm Arbeitsbreite, auf 96 Db. Wichtig dabei: Wir nehmen eine Zunahme des Lärmpegels um 10 Db als Verdoppelung der Lautstärke wahr! Wenige Db machen also einen großen Unterschied. Ich musste etwas länger suchen, um mit Benzin betriebene „Leisemäher“ zu finden. Der Hersteller TORO bietet z.B. einen Mäher mit 48 cm Schnittbreite und 2,9 KW bei nur 81 Db an. Die meisten Mäher unterschreiten den vorgeschriebenen Höchstwert aber nur unwesentlich.

Solche „Kleinigkeiten“ haben natürlich ihren Preis, genau so, wie ausgereifte Technik und solide Qualität. Profigeräte, auch mit Radantrieb, kosten ca. 1000 bis 2500 €. Dafür dürfen sie praxistaugliche Technik, einen guten Service und ein startklar vorbereitetes Gerät erwarten. Bei den enormen Preisunterschieden lohnt es sich durchaus, einen Blick unter die Haube bzw. ins Mähwerk zu werfen. Nur wenige Händler können einen Praxistest der Geräte anbieten. Das ist aber umso wichtiger, je teurer das Gerät ist und je weniger Sie die Technik beurteilen können.

■ **AUFSITZMÄHER** haben ihre Berechtigung bei Flächen ab ca. 600 m². Für kleinere, verwinkelte Flächen sind sie zu wenig wendig. Flächen von 1000-3000 m² sind ideale Größen. Darunter tut es auch ein von Hand geführter Mäher mit Radantrieb, auf größeren Flächen werden dann schon richtige Rasen-Traktoren eingesetzt.

Mühsam ist jedoch das Leeren des Grasfangkorbs. Es macht einen Unterschied, ob der Fangkorb mit 50 oder 80 Liter Gras von Hand ausgehoben und entleert werden muss oder ob dies einfach über einen Hebel vom Fahrersitz aus geht. Die Einstiegsmodelle der Aufsitzmäher haben Arbeitsbreiten ab 55 cm und schließen damit direkt an Hand geführte Mäher an. Bei 100 cm Breite haben Aufsitzmäher ihr Potenzial erreicht. Bei größeren Breiten beginnt dann schon die Klasse der Rasentraktoren.

Aufsitzmäher der Profiklasse.

Systeme mit zwei Messern, die gegenläufig arbeiten und einen günstigeren Luftstrom erzeugen, sind bezüglich der Verstopfung von Mähwerk oder Luftkanal klar im Vorteil.

Auch beim Preis hat sich viel getan. Einfache Modelle beginnen bei etwa 1500 €. Gute, ausgereifte Technik bewährter Hersteller kostet 3000 bis 5000 €, wobei die Grenze nach oben offen ist.

Man hat Sie schnell von etwas überzeugt, das Sie sich im Gebrauch anders vorgestellt haben. Mein Tipp gilt deshalb ganz allgemein, wenn es um den Neukauf von Geräten geht: Ich schaue zuerst bei den Gerätevermietern! Diese Maschinen müssen nämlich eine Menge aushalten und gleichzeitig günstig sein. Der erste Blick kostet mich nichts. Ich suche mir ein Gerät aus, von dem ich glaube, dass es das Richtige ist und das miete ich für einen Tag. Diese 20 bis 80 € sind gut angelegt. Sie bewahrten mich schon vor einigen, gravierenden Fehlkäufen.

8.3 WOHIN MIT DEM SCHNITTGUT?

Mähen Sie konventionell mit dem Sichelmäher, haben Sie das Gras im Fangkorb – und dann?

■ BIOTONNE

Das Gras in die Biotonne zu kippen, sollte die letzte Alternative sein, wenn Sie keinen Komposter und keine Mulchflächen nutzen können. Wird der Bioabfall auch tatsächlich in Kompostieranlagen wieder verwertet (nicht einfach verbrannt), ist das auch noch in Ordnung.

■ KOMPOSTIERUNG

Die zweitbeste Verwertung ist die Kompostierung. Sie ist allerdings mit Problemen behaftet, wenn Sie das Gras einfach in den Komposter kippen: Das fein geschnittene Gras setzt sich dicht zusammen, weil es zu über 90 % aus Wasser besteht. Es lässt kaum Luft heran und so fehlt dem Mähgut die Grundlage zur schnellen Verrottung – es kommt zum Faulen. Eine schmierige, stinkende Masse entsteht, die kaum verwertbar ist.

Die richtige Kompostierung von Grasschnitt ist etwas aufwändig. Sie sollten darauf achten, dass immer genügend Luft ans Gras kommt. Bringen sie das Gras lagenweise in den Komposter, nie mehr als 5 bis max. 8 cm hoch einlagern. Dann folgt eine dünne Schicht luftigen Materials, bevor wieder die nächste Lage Gras folgt. Zu empfehlen sind einige dünne Zweige, ein Zentimeter trockene Erde oder Torf, notfalls auch zerkleinerte, zusammengeknüllte Zeitungen (nicht das dickere Glanzpapier von Zeitschriften!). So hat der Grasschnitt genügend Luft, um schnell zu verrotten, und wird dem Boden als Humus wieder zugeführt.

Rasen nicht in die Tonne, sondern kompostieren oder mulchen

■ MULCHEN

Die Königslösung ist das Mulchen. Bei einem ausgewogenen Verhältnis von Rasen- zu Pflanzflächen ist es die beste Lösung, die Pflanzflächen mit dem Rasenschnitt abzudecken. Das hat bestechende Vorteile:

- Die Bepflanzung bzw. der Boden ist vor Wasserverdunstung und damit vor Austrocknung geschützt.
- Grasschnitt ist ein hervorragender Unkrauthemmer. Wenn Sie nicht gerade eine blühende Wiese mähen, in der viele Unkrautsamen versteckt sind, verhindert das Mulchen unerwünschten Bewuchs. Wurzelunkräuter können trotzdem durchkommen, es dauert jedoch länger.
- Der organische Kreislauf bleibt geschlossen. Rasenschnitt ist nährstoffreicher Humuslieferant und bleibt Ihrem Garten erhalten.

Mähgut als Mulch auf Pflanzflächen bremst Austrocknung und Unkraut.

So mulchen Sie richtig: Die Pflanzfläche sollte unkrautfrei sein. Verteilen Sie das Schnittgut ca. 4-5 cm stark auf den Gehölzflächen. Stärkerer Auftrag kann bei feuchter Witterung, durch Luftmangel, zu Fäulnis führen. Bei dünnerem Auftrag verrottet das Gras schneller, aber der Unkrautbewuchs wird nur schwach gehemmt. Bis zum nächsten Schnitt nach 1-2 Wochen können sie in der Regel wieder Gras aufbringen. Sicher erfordert diese Art zu mulchen für viele ein Umdenken. Wer die Pflanzfläche immer schön sauber mit Rindenmulch abdeckt oder gar eine Steinwüste daraus macht, der wird sich mit dem natürlichen mulchen nur zögerlich anfreunden. Lassen Sie sich darauf ein, werden Sie merken, dass Sie mit natürlicher Gartenbewirtschaftung auf Dauer weiterkommen.

9. DÜNGUNG

Die Erfahrung zeigt es deutlich. Bei der Rasendüngung

- wird am meisten Geld verbraten - und verdient.
- tappen die meisten Gartenbesitzer im Dunkel.
- nehmen Sie - neben dem Schnitt – den größten Einfluss auf das Rasenbild.

9.1 GRUNDLAGEN

Wenn Sie die wichtigsten Grundlagen der Düngung verstehen, macht Sie das resistent gegen große Versprechungen und sicherer bei der Anwendung. Sie werden sehen: Es ist richtig interessant.

9.1.1 PH – WERT

Der pH-Wert (aus lat. „pondus“ =Gewicht und „Hydrogenium“ = Wasserstoff) ist das Maß der freien H+ -Ionen in Gramm in einem Liter Wasser.

Freie H^+ Ionen 0,01 $=10^{-2}$ | 0,0000001 $=10^{-7}$ | 0,000000000001 $=10^{-12}$ in g/Liter

pH	0	1	2	3	4	5	6	7	8	9	10	11	12	13	14

sauer neutral basisch

Der pH-Wert ist eine wichtige Größe bei der Düngung.

Warum ist dieser „theoretische Kram“ so wichtig? Nun – weil unsere Pflanzen einen bestimmten pH-Bereich verlangen und die einzelnen Nährstoffe in bestimmten pH-Bereichen nicht verfügbar sind. Es reicht schon, wenn Sie sich merken, was in der Praxis wichtig ist:

> PH 7 ist neutral. PH 5,5 – 6,5 ist schwach sauer und das ist der Bereich, den wir im Garten anstreben. Über pH 7 ist basisch bzw. alkalisch.

Betrachten wir einige Nährstoffe und Spurenelemente in ihrer Beziehung zum pH-Wert, dann sehen wir schnell, welche Dünger bei verschiedenen pH-Werten verwertbar sind und welche nicht.

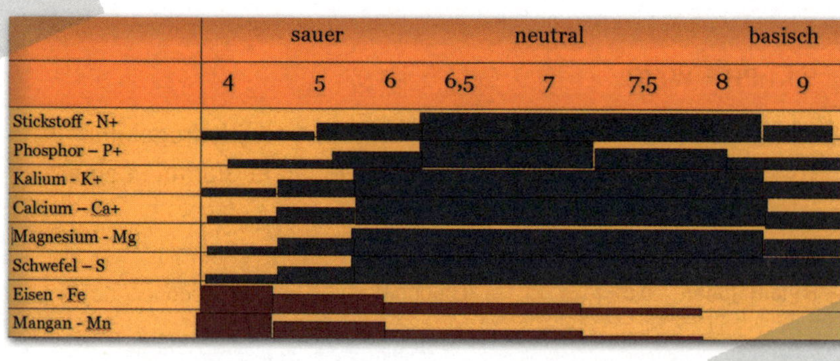

Nährstoffverfügbarkeit im Boden und ihre Abhängigkeit vom pH-Wert.

■ EISENMANGEL

Ein typisches Beispiel für eine Festlegung ist das Spurenelement Eisen. Basen sind negativ geladen (OH-) und ziehen positiv geladene Ionen an. In einem basischen pH – Bereich wird also das positiv geladene Eisen an den OH- Komplex gebunden und ist für die Pflanze nicht mehr verfügbar. Die Folge ist Eisenmangel, der sich durch Blattchlorosen (Gelbfärbung zwischen den Blattadern) zeigt.

Chlorose durch Eisenmangel.

Würde also bei pH 8 ein Eisendünger helfen? Nein! Das Eisen würde allenfalls den pH-Wert geringfügig absenken. Senken wir den pH-Wert jedoch auf 6 ab, brauchen wir meist keinen Eisendünger mehr geben. Auf einmal wird das bislang gebundene Eisen wieder verfügbar und die Pflanzen reagieren schnell mit kräftig-grünen Blättern. Schwere Böden mit hohem Humusgehalt sollten neutral bis schwach sauer eingestellt sein, also pH 6,5 bis 7,0. Leichte, humusarme Sandböden mehr im sauren Bereich bei pH 5,5 bis 6,0.

Indikatorpapier
zur pH-Kontrolle.

Kontrollieren Sie wenigstens einmal jährlich den pH-Wert. Das ist die Grundlage der richtigen Düngung. Das geht mit Indikatorpapier aus der Apotheke ganz einfach. Eine Fünf-Meter-Rolle kostet um die zehn Euro. Es gibt auch spezielle Teststäbchen, die meist etwas teurer sind. Nehmen Sie eine Bodenprobe bis 10 cm Tiefe, zerkrümeln Sie fein und durchfeuchten sie gut mit destilliertem Wasser. Reißen Sie 5 cm von dem Messpapier-Streifen ab und drücken es in die nasse Bodenprobe. Nach ein bis zwei Minuten hat sich das Indikatorpapier verfärbt und Sie können an der Farbskala den pH-Wert ablesen. Sie sehen es schon: Der Test im Bild ergibt eine neutrale bis schwach basische Reaktion.

Im Versandhandel finden Sie auch elektrische pH-Bodentester für unter 20 Euro. Dazu muss der Boden gut feucht sein. Die Gerätesonde stecken Sie an verschiedenen Stellen in die feuchte Erde und können direkt den pH-Wert ablesen. Je niedriger der pH-Wert, umso geringer ist die biologische Aktivität, also das Bodenleben, das für die Bodenfruchtbarkeit von so großer Bedeutung ist.

9.1.2 SALZGEHALT

Mineralische Dünger sind meist Salze unterschiedlicher Zusammensetzung. Bei Überdüngung steigt dieser Salzgehalt im Extremfall so stark an, dass die Bodenlösung der Pflanze Wasser entzieht - sie verbrennt (die stärkere Lösung zieht die schwächere an). Der Salzgehalt muss aber nicht regelmäßig gemessen werden. Es reicht, wenn Sie Ihren Boden kennen und noch wissen, wann Sie welche Dünger ausgebracht haben. Also halten sie das am besten in einer „Düngeliste" fest. Das ermöglicht Ihnen eine gezielte Nachdüngung. Zu den Düngeempfehlungen kommen wir später.

Möchten Sie auf Nummer sicher gehen, dann empfiehlt sich ein kleiner Aktivitätsmesser. Der misst die Aktivität der Salzionen, die ja elektrisch leitfähig sind. Die Geräte sind mit einer Batterie ausgestattet. Sie brauchen nur die Sonde in die gut angefeuchtete Erde zu stecken und die Aktivität abzulesen. Einfache Aktivitätsmesser werden zwischen 60 und 100 € angeboten.

Kontrolle des Salzgehalts mit einem Aktivitätsmessgerät.

Versprechen Sie sich aber nicht zu viel davon, denn Sie wissen zwar, wie salzbelastet Ihr Boden ist, nicht aber, wie viel von bestimmten Nährstoffen im Boden sind. Das ergibt nur die Bodenprobe zuverlässig. Die Reaktion des Bodens (und in der Folge die Reaktion der Pflanze) auf Salz-Überkonzentration hängt wesentlich von den Bodeneigenschaften ab.

9.1.3 BODENPUFFERUNG

Wir hatten diesen Begriff schon bei der Bodenverbesserung erwähnt. Gemeint ist die Fähigkeit des Bodens, überhöhte oder zu niedrige Salz– bzw. Ionenkonzentrationen zu speichern bzw. bei Bedarf wieder an die Pflanze abzugeben. In "höheren Kreisen" bezeichnet man sie als Kationen-Austausch-Kapazität, kurz KAK. Darf ich das kurz erklären? Wenn Sie es eilig haben, können Sie diesen Absatz überspringen.

Tonminerale und Ton-Humus-Komplexe sind die Grundlage der Bodenkolloide, die grob im Boden verteilt sind. Sie haben einen negativen Ladungsüberschuss. Natrium, Kalium, Kalzium, Magnesium und viele andere Nährstoffe sind positiv geladen. Gelangen Sie in den Boden, werden sie von den Pflanzen aufgenommen. Die Nährstoffe, die die Pflanzen nicht gleich aufnehmen, werden von den negativ geladenen Bodenkolloiden gespeichert. Dieser Vorgang ist reversibel. Sind die freien Nährstoffe im Boden verbraucht, geben die Bodenkolloide die gespeicherten Nährstoffe frei. Ein faszinierender Vorgang. Je mehr Tonminerale ein Boden hat, also je schwerer er ist, je mehr Humusanteile vorhanden sind und je höher der pH-Wert, umso günstiger ist die Bodenpufferung bzw. die KAK.

9.1.4 ORGANISCH ODER MINERALISCH DÜNGEN?

Die Wirkung organischer Dünger beruht auf der Aktivität der Bodenorganismen. Sie zersetzen organisches Material zu Wasser, Kohlendioxid und Nährstoffen. Der Gehalt an Nährstoffen, der bei den Pflanzen ankommt, hängt von verschiedenen Faktoren ab, die von uns nur zum Teil zu beeinflussen sind und die wir oft gar nicht kennen. Temperatur-, Wasser- und Luftverhältnisse im Boden spielen eine wichtige Rolle, aber auch die Aktivität der Mikroorganismen im Boden und die Beschaffenheit des Düngers. Eine gezielte, exakt berechnete Düngung ist deshalb mit organischen Düngern schwierig. Das ist auch der Grund, weshalb sie in konventionellen Gärtnereien weitgehend verdrängt wurden.

Gleichwohl spielen Sie im privaten Nutz- und Ziergarten eine wichtige Rolle, weil da die naturnahe Bewirtschaftung und robuste Pflanzen wichtiger sind als der Ertrag je Quadratmeter. Außerdem fördern sie das Bodenleben; es sind sogar richtige Leckerbissen für den Boden.

Hornmehl (organisch)

„Blaukorn“ (mineralisch)

■ **MINERALISCHE DÜNGER** (Kunstdünger) sind entweder künstlich hergestellt (z.B. Stickstoff, Phosphor) oder schon als Naturprodukt vorhanden und nur veredelt (z.B. Kali, Kalk). Der Vorteil der Mineraldünger liegt in der Handhabung: Sie sind exakt dosierbar, und zwar getrennt nach den einzelnen Hauptnährstoffen. So ist eine gezielte Herbstdüngung mit Kali oder eine reine Stickstoff-Düngung im Frühjahr möglich.

Aber Mineraldünger haben ihre Tücken: Zu hohe Dosierungen werden sofort bestraft. Dieses Risiko ist bei den organischen Düngern weitaus geringer. Außerdem tun Kunstdünger absolut nichts für das so wichtige Bodenleben. Deshalb muss die Humus-Zuführung separat erfolgen.

■ **ORGANISCH-MINERALISCH**

Manche Nährstoffe stehen in organischen Verbindungen kaum zur Verfügung (z.B. Kalium). Dann ist es sinnvoll, organische Nährstoffe mit mineralischen zu einem Volldünger zu ergänzen.

9.2 DIE HAUPTNÄHRSTOFFE

Auf jeder Düngeverpackung steht irgendwo, klein gedruckt, der Anteil der Hauptnährstoffe. Da stehen meist drei oder vier, manchmal auch mehrere Zahlen, die nicht immer deutlich deklariert sind. Sie stehen immer in der gleichen Reihenfolge und bezeichnen die Hauptnährstoffe: Stickstoff =N, Phosphor =P, Kali =K und Kalk =Ca. Manchmal stehen auch noch Magnesium =Mg und diverse Spurenelemente dabei.

Schauen wir uns die Nährstoffe N-P-K-Ca genauer an, und zwar in der gleichen Reihenfolge wie sie auf der Verpackung stehen. Was bewirken sie, wofür brauchen wir sie?

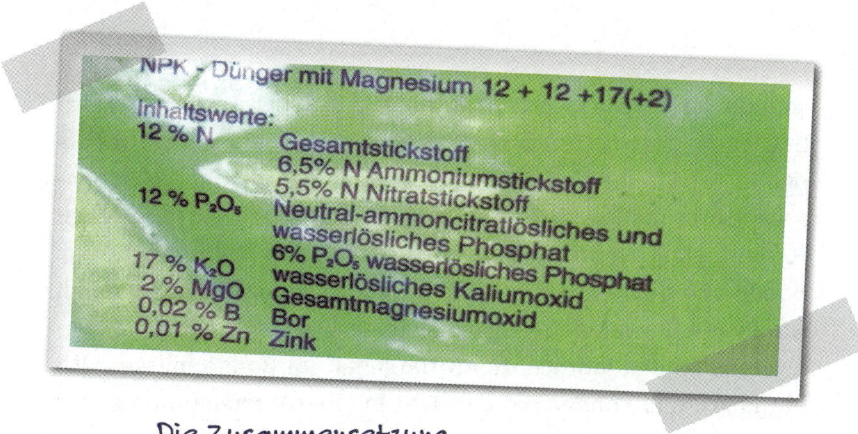

Die Zusammensetzung der Dünger steht auf der Verpackung

9.2.1 STICKSTOFF

Mineralischer Stickstoff wird in einem energieaufwändigen Verfahren aus der Luft gewonnen. Er ist wichtiger Bestandteil von Proteinen und gilt als wichtigster Nährstoff. Stickstoff ist quasi der Motor des Pflanzenwachstums. Er lässt Pflanzen (schneller) wachsen. Tun Sie dies aber immer am oberen Limit, werden die Gräser mastig, ihr Gewebe schwammig und sie werden anfälliger für Krankheiten (daher im Herbst keinen Stickstoff mehr auf den Rasen!).

Ein Stickstoff betonter Volldünger ist zum Beispiel „Nitrophoska extra“ (N20-P5-K10-Mg3, sowie S, Fe, Zn). Organische Stickstoffdünger sind Hornmehl oder Hornspäne mit 10-14% Stickstoff-Gehalt, wobei die groben Späne wesentlich langsamer wirken als das feine Mehl.

Stickstoff ist der Feind des Grundwassers. Er wird als Nitrat eingebracht bzw. von den Mikroorganismen zu Nitrat umgebaut. Was nicht von den Pflanzen verwertet und vom Boden gespeichert werden kann (Stichwort „Pufferung"), sickert ins Grundwasser und sorgt dort für erhöhte Nitratwerte. Deshalb ist besonders bei Stickstoff eine bedarfsgerechte Düngung wichtig. Die Bodenorganismen stellen durch den Abbau organischer Substanz Nitrat zur Verfügung. Nur die Differenz zwischen vorhandenem Nitrat im Boden und dem Bedarf der Pflanze dürfen wir ausbringen, damit wir unsere Umwelt dabei nicht schädigen. Deshalb sollten wir wenigstens einmal jährlich den Nitratgehalt im Boden messen. Mit etwas Routine können Sie den Test in einer Viertelstunde selbst erstellen.

Nitrat-Teststäbchen beziehen Sie online oder im gut sortierten Fachhandel. Die Preisunterschiede sind allerdings gewaltig. Ein Stäbchen kostet, je nach Stückzahl bzw. Verpackungseinheit, ca. 0,50 bis 4,00 €. Ziehen Sie wenigstens an fünf verschiedenen Stellen ihre Bodenprobe bis in 10 cm Tiefe, zerkrümeln Sie die Proben und vermischen sie miteinander. Füllen Sie 100 Gramm Boden in einen Trinkbecher. Dann füllen Sie 100 ml destilliertes oder auch nitratfreies Leitungswasser dazu und verrühren das Ganze klumpenfrei. Drücken Sie ein Kaffeefilterpapier vorsichtig, möglichst tief ein. Nach wenigen Minuten wird das Wasser durch den Filter dringen. Tauchen Sie das Teststäbchen für 1 Sekunde in die gefilterte Lösung ein. Nach 1 Minute vergleichen Sie die Verfärbung des Stäbchens mit der Farbskala, und lesen so die Nitratkonzentration in Ihrem Boden ab (Gebrauchsanleitung des jeweiligen Produktes lesen!).

Die abgelesenen Werte entsprechen Milligramm je Liter Erde. Geteilt durch zehn, entspricht dieser Wert Gramm je Quadratmeter, zuzüglich der prozentualen Bodenfeuchte, die Sie im Durchschnitt mit 20 % annehmen können.

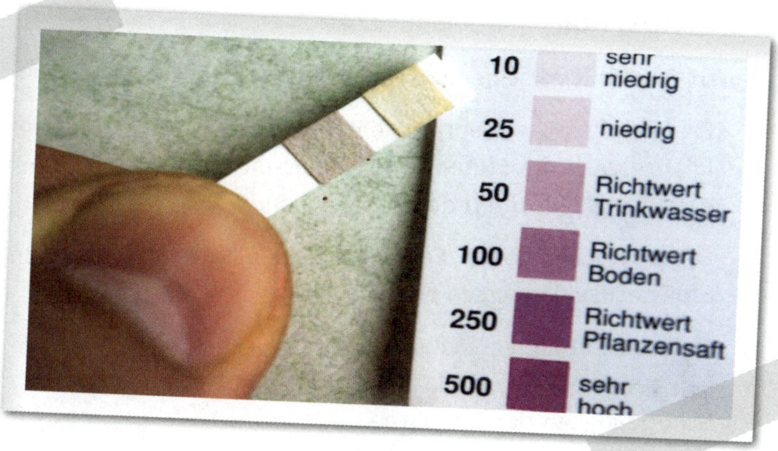

Nitrat-Teststäbchen zur Stickstoff-Kontrolle im Boden.

Ein Beispiel: Sie lesen einen Wert von 100 ab. Das entspricht etwa 10 Gramm je Quadratmeter an verfügbarem Nitrat +20 % für die Bodenfeuchte ergibt 12 Gramm Stickstoff je Quadratmeter. Zum Stickstoffbedarf kommen wir später.

Im Allgemeinen wird bei einer Bodenprobe kein Nitrat gemessen, obwohl es eigentlich eine sehr wichtige Größe ist. Der Grund dafür liegt in der Flüchtigkeit von Nitrat, das zum Beispiel bei höheren Temperaturen, nach einem Tag Transport und vielleicht noch einem Tag Bearbeitungszeit, stark verfälschte Werte ergeben kann. Deshalb macht eine Laboranalyse bei Nitrat wenig Sinn.

9.2.2 PHOSPHOR

Phosphor erfüllt verschiedene Funktionen:

- Er beeinflusst wesentlich das generative Wachstum der Pflanze, also die Blüten- und Samenentwicklung. Das interessiert uns jedoch für den Rasen weniger.
- Er ist biochemischer Energieträger und deshalb an allen Stoffwechselvorgängen beteiligt.
- Er fördert in hohem Maße das Wurzelwachstum. Für den Rasen bedeutet das eine kräftige Wurzelentwicklung mit hoher Scherfestigkeit der Grasnarbe.

Eine Starterdüngung bei der Neuanlage von Rasen sollte immer Phosphor enthalten. Rohphosphor ist nicht wasserlöslich. Er wird in Schwefelsäure gelöst und steht als Phosphat (P2O5) zur Verfügung. Mineralischer Phosphordünger ist z.B. Superphosphat (P18-S12). Er wirkt säuernd auf den Boden (zur Absenkung des pH-Wertes). Als organischer Dünger enthält Knochenmehl hauptsächlich Phosphor und Kali.

Phosphor wird kaum ausgewaschen, weil er sich stabil an die Tonminerale bindet.

9.2.3 KALI

Eine gute Kaliversorgung sieht man dem Rasen bzw. den Pflanzen an. Sie haben einen kräftigen Aufbau und eine satt grüne Farbe. Was bewirkt das Kali im Rasen?

Eine Kalidüngung Anfang Oktober nimmt der Rasen noch auf. Die Zellen der Gräser werden gefestigt und der Rasen kommt so in kräftigem Grün über den Winter. Zusätzlich werden die Gräser unempfindlicher gegen Frost und Schneeschimmel.

Kali ist in erster Linie im Blatt aktiv. Es übernimmt die Aktivierung von Enzymen und steuert den Wasserhaushalt. Es fördert also durch die allgemeine Gewebefestigung die Krankheitsresistenz. Man könnte es beinahe als Wundermittel bezeichnen.

Kali ist ein Naturgestein, das wir - vermahlen - als Dünger verwenden. Deshalb ist es relativ günstig. Ein gängiger Kalidünger ist zum Beispiel Kalimagnesia, auch geläufig als Patentkali (K30-Mg10-S17).

9.2.4 KALK

Hauptaufgabe der Kalkdüngung ist die optimale Gestaltung der chemischen, physikalischen und biologischen Eigenschaften des Bodens. Kalk verbindet die Tonteilchen zu größeren Krümeln und fördert so die Bodenlockerung und damit seine Durchlüftung. Diese wiederum ist die Grundlage für die biologische Aktivität der Mikroorganismen. Ein gesundes Bodenleben beschleunigt die Umsetzung organischer Bestandteile in Nährstoffe. Die beste Zeit der Ausbringung ist der Winter.

Fazit: Kalk ist in erster Linie ein Boden-Verbesserungsmittel. Als Dünger stabilisiert Kalk die Zellwände. Auch Kalk ist ein fein vermahlenes Naturgestein.

VORSICHT MIT BRANNTKALK! Er ist ätzend und verursacht Verbrennungen. Kommt der Kalkstaub in die Augen, in die Atemwege oder auf Schleimhäute, kann es zu Verätzungen kommen. Tragen Sie deshalb Schutzbrille, Gummihandschuhe und am besten auch einen Atemschutz. Wässern Sie nach Gaben von Branntkalk gründlich, damit der Rasen bzw. die Pflanzen nicht verbrennen und der Kalk schnell wirkt. Bringen Sie ihn nicht direkt auf Pflanzen. Er ist Ideal bei schweren Böden vor der Bepflanzung. Auf Rasenflächen besser auf mehrere Gaben je 40 g/qm verteilen, um

Verbrennungsschäden zu vermeiden. Branntkalk wird in Verbindung mit Wasser gelöscht und wirkt daher sofort im Boden.

Kohlensaurer Magnesiumkalk muss erst aufgeschlossen werden und wirkt deshalb langsam. Dieser Kalk ist problemlos einzusetzen. Zu beachten ist allerdings der pH-Wert. Er kann durch zu hohe Kalkdüngung in den alkalischen Bereich rutschen. Wegen der beschleunigten Umsetzung im Boden ist immer eine ausreichende Zufuhr organischer Substanz, zum Beispiel in Form von Kompost, zu empfehlen.

Um den pH-Wert z.B. von 5,5 auf 6,5 anzuheben, geben Sie bei einem sandigen Lehmboden etwa 300 Gramm kohlensauren Kalk je Quadratmeter. Bei Verwendung von Branntkalk reichen ca. 150 Gramm je Quadratmeter, um den pH-Wert um eine Stufe anzuheben.

9.2.5 SPURENELEMENTE

Magnesium, Schwefel, Eisen, Mangan, Zink, Kupfer, Chlorid, Bor und Molybdän haben alle Ihre Aufgaben in der Pflanzenernährung. In der Regel gibt es aber keine Mangelerscheinungen, solange der pH-Wert unter sieben, also im leicht sauren Bereich liegt. Je basischer die Bodenreaktion ist, desto mehr werden Eisen, Mangan, Kupfer und Zink festgelegt und es kommt zu Mangelerscheinungen.

9.3 IM SUMPF DER DÜNGERREGALE

Manche Dünger sind, im Verhältnis zu ihrem Inhalt an NPK, sehr teuer. Das liegt an ihrer „verbraucherfreundlichen Veredelung“. Wer jedoch bereit ist, sich das Grundwissen über die Düngung anzueignen, der ist mit den günstigen, konventionellen Düngern bestens bedient.

■ EINMAL DÜNGEN - UND FERTIG?

Die Industrie will es dem Verbraucher einfacher machen. Er soll möglichst wenig Arbeit haben. Also bietet man Kunstharz ummantelte Dauerdünger an, um mit nur noch ein oder zwei Düngungen auszukommen. Der Unkrautvernichter wird in manche Dünger auch gleich beigemischt. Der Verbraucher nimmt solche Annehmlichkeiten gerne an. Aber wie sinnvoll sind sie? Manche kosten ein Mehrfaches gegenüber konventionellen Düngern. Ob die teuere Lösung die Bessere oder nur die Bequemere ist, nehmen wir gleich unter die Lupe.

Sie wissen bereits, worauf es beim Düngen ankommt: Bodenart, pH-Wert, Salzgehalt usw. Die individuellen Werte in Ihrem Gartenboden kann jedoch kein Dauerdünger berücksichtigen. Wer die vorausgesetzten Idealbedingungen hat, der kann auch mit Langzeitdüngern für sechs Monate Erfolg haben. Allerdings ist das Abbau-Tempo dieser Depotdünger auch wesentlich von Bodentemperatur und Bodenfeuchte abhängig. Deshalb arbeite ich lieber mit konventionellen Düngern. Da kann ich sehr gezielt die Nährstoffe geben, die gerade gebraucht werden.

Das Problem für Sie ist, dass sie meist in Großgebinden in 20 bis 30-Kilo-Säcken angeboten werden. Aber der Dünger hält sich, wenn Sie ihn trocken und frostfrei lagern.

■ WELCHE DÜNGEARTEN?

Wir kommen jetzt in eine Region, in der es beinahe philosophisch wird. Mancher Hobbygärtner ist überglücklich und erfolgreich mit seinem Dünger. Dann möge er bitte dabei bleiben. Wer etwas ändern oder einfach nur Geld sparen will, für den lohnt es sich, etwas tiefer einzusteigen.

Was ist wichtig für den Rasen? Stickstoff, Phosphor, Kali, Kalk, vielleicht noch einige Spurenelemente wie Magnesium und Eisen. Wenn ich bedenke, dass Kunstharz ummantelte Dünger ein mehrfaches der konventionellen kosten, scheiden diese „Edeldünger" bei meinem Rasen aus. Von kombinierten Düngern mit Unkrautvernichtern oder Moostilgern rate ich generell ab. Einen Unkrautvernichter setze ich bei separatem Einsatz viel günstiger und in der Wirkung effektiver ein. Das ist auch aus Umweltschutz-Gründen sinnvoller. Was bleibt jetzt noch? Es wird schon übersichtlicher.

9.4 WANN - WAS - WIE VIEL - WOZU?

Der durchschnittliche Jahresbedarf an Hauptnährstoffen (Reinnährstoff in Gramm je Quadratmeter) für verschiedene Rasenarten:

Rasenart	Stickstoff (N)	Phosphor (P)	Kalium (K)
Zierrasen	10-25	3-5	5-15
Gebrauchsrasen*	5-25	2-5	5-15
Sportrasen*	15-35	5-10	10-25

*Bei starker Belastung gelten jeweils die mittleren bis oberen Angaben, bei schwacher Belastung die unteren bis mittleren Werte.

Das ist natürlich eine breite Spanne. Deshalb können diese Zahlen nur eine grobe Orientierung bieten. Der genaue Bedarf hängt vom Boden, von Ihren Ansprüchen und von der Witterung ab. Meist werden Sie mit verschiedenen Mehrnährstoffdüngern arbeiten. Die folgende Tabelle zeigt einen kleinen Auszug gängiger NPK-Dünger mit ihrer Zusammensetzung, die für Rasen geeignet sind. Gleichzeitig möchte ich Sie ermutigen, selbst „Ihre" passenden Dünger anhand ihrer Zusammensetzung zu suchen und Ihren Düngeplan selbst zu erstellen. Das Rüstzeug haben Sie jetzt.

Name	Inhalt	Bemerkung
Manna Dur Vital	N16+P4+K8+Mg2	Organisch-min. 20-40g/m^2
Manna Rit	N8+P3+K5	Organisch, 80-120g/m^2
Manna Dur kompakt	N20+P5+K8+Mg2	Miner. Langzeitdünger 20-60g/m^2
Kalisalpeter	N13+Po+K46	Mineralisch
Nitrophoska Super	N20+P5+K10+Mg3+S5	Mineralisch 20-30g/m^2
Compo Rasendünger	N15+P5+K8+Mg3	Miner. Langzeitdünger 20-30g/m^2

Zur Ergänzung einzelner Nährstoffe:

Hornmehl	Kalksalpeter	Superphosphat	Kalimagnesia
N14, organsich	N15, 5	P18+S12	K40+Mg6+S4+Na3

für Rasen geeignete
NPK-Dünger (Auszug)

Im Prinzip können Sie mit diesen Zahlen Ihren Düngeplan selbst erstellen. Ein Beispiel:

Wir beginnen Anfang April mit einem stickstoff-betonten Volldünger, z.B. Manna Dur kompakt. Der Inhalt: N20+P5+K8+Mg2. Wir geben 30 g/qm.

BEI 30 G/QM SIND DAS:

N 20%=6g + P 5%=1,5g + K 8%=2,4g + Mg 2%=0,6g.

Durchlaufen wir ein typisches, durchschnittliches Rasenjahr bei sandigem Lehmboden und mittleren Ansprüchen für einen Gebrauchsrasen: Wir peilen ein NPK-Verhältnis über die Wachstumszeit von **17+3+11 Gramm je m²** an.

■ FRÜHJAHR

Im Frühjahr wird mehr Stickstoff gebraucht. Das N:K-Verhältnis sollte bei 3:1 liegen.

1. APRIL: Ich bleibe beim Beispiel und gebe eine Grundversorgung von 30g/qm Manna Dur kompakt.

Um den Stickstoff-Anteil zu erhöhen, gebe ich am

15. MAI noch 20g/qm Hornmehl. Es wirkt mit 1-6 Wochen deutlich schneller als Hornspäne (1-4 Monate).

■ SOMMER

Im Sommer lässt das Wachstum nach. Die Gräser müssen widerstandsfähiger werden gegen Trockenstress. Das erreichen wir durch ein NK-Verhältnis von 1:1.

1. JULI: Compo Rasendünger (15+5+8) mit 30g/m² und am

1. AUGUST: 5 g/m² Kalisalpeter (13+0+46)

■ HERBST

Im Herbst gilt es, den Rasen gegen Frost widerstandsfähig zu machen und ihn mit kräftig grüner Farbe über den Winter zu bringen. Gleichzeitig müssen wir dem Wuchsverhalten Rechnung tragen. Der Rasen wächst jetzt vielleicht noch mit 20% seines Anfangstempos im Mai. Also reduzieren wir Stickstoff, damit die Gräser nicht zu weich und mastig in den Winter gehen. Abgehärtete Gräser sind widerstandsfähiger gegen Stress und Krankheitserreger. Das NK-Verhältnis zur Herbstdüngung ist also 1:3.

1. SEPTEMBER: 20g Hornmehl je m²

1. OKTOBER: 10g/m² Kalimagnesia reichen aus. Es bringt 4 Gramm reines K2O je m².

Rechnen wir nun die absoluten Nährstoffanteile unserer Düngergaben zusammen, kommen wir unserem Ziel schon ziemlich nahe:

Datum	Dünger	g/qm	Inhalt NPK	rein-N	rein-P	rein-K
1. Apr.	Manna Dur Kompakt	30	20/5/8	6	1,5	2,4
15. Mai	Hornmehl	20	14/0,5/1	2,8	0,1	0,2
1. Jul.	Compo Raendünger	30	15/5/8	4,5	1,5	2,4
1. Aug.	Kalisalpeter	5	13/0/46	0,7	0	2,3
1. Sep.	Hornmehl	20	14/0,5/1	2,8	0,1	0,2
1. Okt.	Kalimagnesia	10	40/0/0	0	0	4
Gesamtnährstoffe in Gramm je qm (absolut)				**16,8**	**3,2**	**11,5**

Beispielrechnung eines Düngeplans

9.4.1 DÜNGEHILFEN

Für das manuelle Streuen des Düngers brauchen Sie Übung, sonst werden Sie an unterschiedlichen Farbstreifen genau sehen, wo Sie keinen oder wo Sie zu viel Dünger ausgebracht haben. Bei kombinierten Düngern mit Unkrautvernichter ist eine exakte Ausbringung besonders wichtig. Diese Fertigkeit und die Erfahrung bringen nur wenige mit. Deshalb nehmen Sie lieber eines der vielen Geräte zu Hilfe, die uns das Düngen erleichtern. Dies ist umso wichtiger, je geringer die Streumengen je Quadratmeter sind.

Der **DÜNGEWAGEN** ist eine wesentliche Erleichterung. Das Funktionsprinzip ist einfach: Über den Radantrieb wird im Düngebehälter eine Flügel-Walze bewegt. Sie sorgt dafür, dass immer gleichmäßig viel Dünger zu den Streulöchern gelangt. Die Weite dieser Löcher ist über eine Schiene regelbar, sodass verschiedene Korngrößen, wie auch unterschiedliche Mengen ausgebracht werden können. Theoretisch können Sie damit sehr gleichmäßig düngen. Das Problem sind allerdings die schmalen Bahnen: Entweder überlappen die Spuren und verdoppeln an diesen Stellen die Düngergabe (Gefahr von Verbrennung der Gräser) oder es bleibt eine kleine Lücke zur letzten Bahn und dann fehlt dort der Dünger.

Deutliche Streifen durch ungleichmäßiges Streuen des Düngers.

Fahren Sie die Fläche mit halber Dosierung zwei mal in wechselnden Richtungen ab. Das halbiert das Risiko, durch unterschiedlich viel Dünger sichtbare Streifen unterschiedlicher Grasfarbe zu hinterlassen. Justieren und kontrollieren Sie zuvor die Einstellung Ihres Düngewagens. Das haben wir bei der Raseneinsaat schon besprochen.

Beim Kauf eines Düngewagens achten Sie auf eine zuverlässige, leicht zu bedienende Einstellmöglichkeit für verschieden groß gekörnte Dünger, bis hin zum feinen Grassamen. Bei diesem Kriterium würden bei mir die meisten Düngewagen „durchfallen". Das zweite Kriterium sollte eine möglichst große Streubreite sein, um die Anzahl der Bahnen und damit auch den Arbeitseinsatz zu minimieren. Das hängt natürlich auch von der Größe Ihrer Rasenfläche ab.

■ SCHLEUDERSTREUER

Wer mit dem Schleuderstreuer etwas Übung hat, wird gerne damit arbeiten. Er hat eine Schleuderbreite von 3-6 m, wodurch der unschöne „Bahneffekt" minimiert ist. Natürlich muss die Rasenfläche groß genug sein. Ich empfehle den Schleuderstreuer ab einer Rasenfläche von 100 m². Über die Räder wird ein Streukreisel angetrieben, der den Dünger – je nach Fahrtempo und Körnung unterschiedlich – gleichmäßig verteilt. Die Düngemenge je Quadratmeter wird durch die Öffnung zum Streukreisel reguliert. Ein wenig Geduld ist in der Anlernphase gefragt: Sobald der Öffnungs-Hebel gezogen ist, rieselt der Dünger. Dann aber muss der Wagen schon im richtigen Tempo unterwegs sein, sonst landet zu viel auf einem Fleck und verbrennt den Rasen.

Streuwagen mit Verteilerwalze.

Schleuderstreuer.

NOCH ETWAS ALLGEMEINES: Ganz gleich, ob Düngewagen oder Schleuderstreuer – Sie sollten außerhalb der Rasenfläche befüllt werden. Auf einem Plattenweg können Sie daneben gefallenen Dünger ggf. zusammenkehren und noch verwenden.

■ HANDSTREUER

Für kleinste Flächen unter 50 m² ist der Handstreuer zu empfehlen. Es ist im Prinzip ein Miniatur-Schleuderstreuer. Der Düngebehälter fasst 2-5 Liter. Die Streuscheibe wird per Kurbel oder per Elektromotor mit Akku betrieben.

10. VERTIKUTIEREN

Beim Vertikutieren geht es darum, den Filz zu herauszuarbeiten, verkrusteten Boden zu belüften und die Gräser zu neuem Wachstum anzuregen. Günstigster Zeitpunkt ist das Frühjahr, weil der Rasen dann sehr schnell regeneriert.

10.1 GERÄTE

■ VERTIKUTIER-RECHEN

Bei kleinen Flächen und guter Kondition ist das Vertikutieren von Hand sicher möglich. Eine sportliche Arbeit, denn es kostet ziemlich viel Kraft, Moos, Filz und hartnäckige Kräuter herauszuholen. Durch die Neigung des Stieles wird die Arbeitstiefe bestimmt. Gut geeignet sind Rechen, die mit Rädern ausgestattet, um eine gleichmäßige Tiefe zu halten.

Der Vertikutier-Rechen erfordert Kraft und Übung.

■ ELEKTROGERÄTE

Die Vor- und Nachteile von Elektro- und Benzinmotoren wurden im Kapitel über die Rasenmäher bereits besprochen. Deshalb gehe ich hier nur auf Besonderheiten beim Vertikutieren ein. Es gibt eine Fülle von Vertikutierern. Die Meisten sind mit Elektromotoren ausgestattet, weil sie wesentlich preisgünstiger sind als Benzingeräte. Den Nachteil mit dem Kabel kann man durchaus in Kauf nehmen, wenn man bedenkt, dass die Maschine nur ein oder zwei mal im Jahr genutzt wird.

Eine vertikal rotierende Messerwelle durchschneidet die oberste Gräser- und Filzschicht und reißt – wenn nötig - den Boden ganz leicht an. Für leichtes Vertikutieren reichen alle Geräte aus. Soll mal tiefer gearbeitet werden, kommen Elektro-Vertikutierer schnell an ihre Leistungsgrenze. Achten Sie also auf genügend Kraftreserve. Die Arbeitsbreiten liegen meist zwischen 30-40 cm. Die Arbeitstiefe ist verstellbar von 0 bis ca. 10 mm.

■ BENZINGERÄTE

Sie sind wesentlich kraftvoller und werden deshalb auch in größeren Arbeitsbreiten, von 40-50 cm angeboten. Bei den Profigeräten reicht die Kraft auch noch für Arbeitstiefen von 15 oder gar 20 mm (im Normalgebrauch nicht relevant). Praktisch ist ein Fangkorb, wie er beim Rasenmäher selbstverständlich ist. Aber nicht alle Geräte sind damit ausgestattet. Das liegt daran, dass die Vertikutiermesser nur einen schwachen Luftstrom erzeugen. Er reicht meist nicht aus, um das heraus gearbeitete Material in den Fangkorb zu befördern. So muss selbst bei Geräten mit Fangkorb oft noch einmal abgerecht werden.

Vertikutierwalze.

Lüfterwalze.

■ LÜFTERWALZEN

Geht es nur darum, Moos und Filz herauszuholen, ist eine Lüfterwalze ideal. Statt feststehender Messer ist die rotierende Walze mit Federzinken ausgestattet, die sowohl rasenschonend, als auch besonders effektiv arbeitet. Außerdem nehmen es Ihnen die Federzinken nicht übel, wenn Sie mal den Plattenweg streifen.

Solche „Rasenlüfter" sind als kleine Elektrogeräte im Handel (Gardena). Viele Vertikutierer sind mit austauschbaren Walzen ausgestattet und liefern die Lüfterwalze gleich mit. So steht ein Gerät weniger herum, das nur selten gebraucht wird.

10.2 SO WIRD'S GEMACHT

Im Allgemeinen wollen wir den Boden beim Vertikutieren nur leicht anritzen. Das Gerät soll also nur ca. 2-3 mm tief eingestellt sein. Ziel ist es, – die Rhizome zu durchtrennen, um

- die Gräser zu stärkerem Wachstum anzuregen,
- Filzschichten aus nicht verrottetem Mulch zu entfernen,
- verkrustete bzw. verschlämmte Bodenoberflächen anzureißen, um den Boden besser zu durchlüften,
- unerwünschte Wildkräuter einzudämmen und
- Moos zu entfernen

Aus dieser Aufgabenstellung ergeben sich die Tiefe, die Häufigkeit und der Zeitpunkt des Vertikutierens oder auch nur des Lüftens.

10.2.1 ROUTINEPFLEGE

In den obersten 15 mm des Bodens spielt sich das wesentliche Wurzelwachstum der Gräser ab. Je tiefer wir vertikutieren, umso stärker schädigen wir die Wurzeln. Also bleiben wir bei 2-3 mm Tiefe. Mancher Gartenfreund meint, „viel hilft viel" und arbeitet den Boden richtig gründlich durch. 10 mm Tiefe und mehr hat jedoch nichts mehr mit Vertikutieren zu tun. Damit zerstören Sie den Rasen. Dennoch wird zur General-Sanierung von Rasenflächen schon mal so tief gearbeitet. Dazu mehr im Kapitel „Rasensanierung".

Benzin-Vertikutierer mit zentraler Höhenverstellung.

Bevor Sie loslegen, mähen Sie den Rasen auf etwa vier Zentimeter. Das erleichtert Ihnen die nachfolgenden Arbeiten. Schauen Sie sich den Vertikutierer von unten an. Wo sitzt die Messerwalze und wie weit reicht sie an die Seiten? Wer das Gerät kennt, erspart ihm die unfreiwillige Begegnung mit Plattenwegen und Mähkanten.

- Stellen Sie das Gerät auf die richtige Tiefe.
- Fahren Sie in geordneten Bahnen mit leichter Überlappung.
- Tempo etwas langsamer als beim Rasen mähen.
- Vermeiden Sie Kurven! Durch die seitliche Verschiebung in engen Kurven machen Sie alles platt.

Bei 2-3 mm Tiefe können Sie in zwei Arbeitsgängen „kreuz und quer" vertikutieren. Mit dem Rasenrechen entfernen Sie alles, was durch das Vertikutieren heraus gearbeitet wurde: Moos, Rasenfilz, abgestorbene Gräser und auch manche Wildkräuter. Der Boden atmet wieder auf. Je nach Zustand des Rasens kann es nötig sein, an kahlen Stellen nachzusäen. In jedem Fall ist ein Walzen und Beregnen sinnvoll, um den gelockerten Rasengräsern wieder eine gute Verbindung zum Boden zu geben.

Der Vertikutierer arbeitet Moos, Filz und Kräuter heraus.

■ DER RICHTIGE ZEITPUNKT

Bei gutem Allgemeinzustand des Rasens wird man ihm kaum ansehen, dass er vertikutiert wurde. Dann spielt auch der Zeitpunkt keine große Rolle. Zwischen März und September ist meine Empfehlung.

Bei starkem Moos- und Kräuteraufkommen sieht die Fläche ziemlich unschön aus. Dann empfehle ich, zur Zeit des stärksten Wachstums zu vertikutieren. Das ist, je nach Witterung, von Anfang April bis Anfang Juni. So erholt sich der Rasen schnell wieder und nach zwei Wochen sollte man ihm nichts mehr ansehen.

■ WIE OFT VERTIKUTIEREN?

Auch die Häufigkeit des Vertikutierens hängt vom Allgemeinzustand des Rasens ab, aber auch vom Boden. Bei gutem Zustand (dichte Grasnarbe, keine Verfilzung, kein Moos, kaum Kräuter) und leichtem, sandigem Boden macht das Vertikutieren wenig Sinn. Wir wollen ja nicht vertikutieren, nur weil die Arbeit so viel Spaß macht. Es kann durchaus sein, dass eine Rasenfläche das Vertikutieren nur alle drei Jahre mal braucht.

ACHTUNG: Bei Bewuchs mit Ausläufer treibenden Kräutern, wie zum Beispiel kriechendem Hahnenfuß oder kriechendem Ehrenpreis, ist ein Vertikutieren kontraproduktiv: Die Messer zerschneiden die Ausläufer und sorgen so für eine massenhafte Vermehrung.

Im Normalfall vertikutiere ich einmal jährlich im Frühjahr. Bei besonders schweren Böden, die zum Verschlämmen neigen, kann auch zweimaliges Vertikutieren sinnvoll sein, um die Oberflächenkruste aufzureißen und somit den Boden besser zu durchlüften. Gleiches gilt bei Flächen mit starker Verfilzung, z.B. wenn Mähroboter oder Mulchmäher eingesetzt werden. Hier empfehle ich jedoch eher die Lüfterwalze, die gerne auch öfter zum Einsatz kommen kann.

10.2.2 BEGLEITENDE MASSNAHMEN

■ NACHSÄEN

Manchmal sind es wenige, Rosetten bildende Kräuter, die nach ihrer Entfernung bis 20 cm große Kahlstellen hinterlassen. Hier genügt es, punktuell von Hand nachzusäen. Bisweilen wurde so viel Moos heraus gearbeitet, dass eine ganze Region nachzusäen ist. Im Extremfall muss die gesamte Fläche nachgesät werden. Dann ist es sinnvoll, sich über die Ursache des schlechten Rasens klar zu werden. Sonst ist die Freude über die frische Nachsaat nur von kurzer Dauer.

Zur Nachsaat verwenden Sie möglichst die gleiche Rasenmischung, aus der auch Ihr Rasen besteht. Es werden auch spezielle Nachsaat-Mischungen angeboten. Sie beinhalten sowohl weniger konkurrenzstarke Gräser, wie auch solche, die möglichst rasch wieder die Lücken schließen. Bei Schattenlagen achten Sie darauf, dass Poa supina „Supranova" in der Mischung enthalten ist (siehe im Kapitel „Schattenrasen").

■ DÜNGEN

Nach dem Vertikutieren ist eine Düngung angeraten. Üblicherweise werden Sie im Frühjahr vertikutieren, wenn das Wachstum am stärksten ist. Wichtig ist jetzt, dass das Wurzelwachstum unterstützt wird. Dies erreichen Sie mit einem phosphorhaltigen Dünger. Sie erinnern sich: Phosphor fördert das Wurzelwachstum. Die als „Starterdünger" angebotenen Düngemischungen enthalten Phosphor. Für größere Flächen lohnt sich wieder der Blick in den Agrarhandel: Nitrophos in der Zusammensetzung N 20 - P 20 - K 0 - Ca 2 ist im Frühjahr ebenfalls gut geeignet.

Sand breitwürfig ausstreuen, anschließend mit dem Rechen verteilen.

■ BESANDEN

Besonders schwere Böden neigen zur Verkrustung der Oberfläche. Sauerstoffmangel im Boden ist die Folge. Um eine bessere Durchlüftung des Bodens zu erreichen, wird Sand in der Körnung 0-2 mm ausgestreut, und zwar 1-3 Liter je m^2. Bei einem Gewicht von 1,6 to je m^3 sind das für 100 m^2 ca. 160-480kg.

Das breitwürfige Streuen mit der Schaufel verlangt viel Übung. Kleinere Flächen können sie von Hand streuen oder, bei trockenem Sand, mit dem Schleuderstreuer. Ist der Sand ungleichmäßig verteilt, arbeiten Sie mit einem Rechen nach.

Es ist auch möglich, vor dem Vertikutieren zu besanden. Der Sand wird dann beim Vertikutieren schon leicht eingearbeitet. Dazu bedarf es aber eines robusten Vertikutierers.

■ KOMPOSTGABEN

Kompost als Bodenverbesserungsmittel hatte ich schon erläutert. In geringen Mengen können Sie dem Boden auch auf fertigen Rasenflächen Kompost zuführen. Das wirkt wie eine „Frischzellen-Kur“. Dazu reichen ein bis zwei Liter je Quadratmeter, bei 100 m^2 also 100-200 Kilo. Solche Mengen werden bei intaktem Bodenleben innerhalb weniger Wochen verarbeitet und sind dann nicht mehr zu sehen. Besonders der Regenwurm arbeitet Sand und Kompost von der Oberfläche in die tieferen Schichten.

10.2.3 VERJÜNGUNG

Geht es darum, z.B. eine alte Rasenfläche wieder zu verjüngen, dann sind ausnahmsweise auch 5 bis 8 mm Tiefe sinnvoll, um auch die unterirdischen Wurzelausläufer zu teilen und so zum Wachstum anzuregen. Bei solch einer „Rosskur“ ist meist begleitend nachzusäen. In jedem Fall ist auch hier anschließend zu wässern und zu walzen, um den Gräsern wieder einen festen Bodenschluss zu geben.

11. AERIFIZIEREN

Unter aerifizieren versteht man die Belüftung der Rasenfläche. Eine Maschine sticht 5 bis 9 cm tiefe, fingerdicke Löcher in die Rasenfläche. Die hohlen Sporne stanzen kleine Löcher aus und fördern die Erde an die Oberfläche. Anschließend werden diese Erdklumpen abgerecht und die Löcher mit Sand verfüllt.

Dadurch werden stark verdichtete Böden belüftet, so dass der (für die Bodenlebewesen lebensnotwendige) Gasaustausch wieder hergestellt werden kann. Somit wird das Rasenwachstum aktiviert. Auf Sportplätzen gehört das Aerifizieren zum Standard-Pflegeprogramm. Im Privatgarten hat es sich nicht durchgesetzt, weil es relativ kostenintensiv ist und weil erst in den letzten Jahren Kleingeräte für den privaten Einsatz auf den Markt gekommen sind.

11.1 GERÄTE

Mit der **GRABEGABEL** ist es eine Knochenarbeit und allenfalls für Extremstellen im Rasen zu empfehlen, z.B. dort, wo ständig das Wasser steht. Kann durch das Aerifizieren die Sperrschicht durchbrochen werden, so läuft das Wasser wieder ab. Das ist bei drei Quadratmetern durchaus von Hand zu machen.

Weniger effektiv sind **NAGELSOHLEN,** die man sich unter die Schuhe schnallt und über den Rasen trippelt. Die Nägel sind dünn und nur etwa 5 cm lang. Zum Besanden wird dann besonders trockener Sand gebraucht, der leicht in die kleinen Löcher rieselt.

Aerifizieren mit der Grabegabel.

Richtige **AERIFIZIERMASCHINEN** für den Privatbereich beginnen bei 3000 €. Das ist in der Regel für den Privatgebrauch nicht rentabel. Nur bei wenigen Geräteverleihern werden Sie diese Maschinen finden. Vielleicht ändert sich das in den nächsten Jahren.

11.2 SO WIRD'S GEMACHT

Zwischen 100 und 400 Löcher in Fingerdicke werden je Quadratmeter beim Aerifizieren herausgestanzt. Das entspricht einem Raster von 10x10 bis 5x5 cm. Die Maschinen arbeiten meist mit Hohlspornen, die die herausgeholte Erde auswerfen. Diese Erde wird abgerecht, bevor es mit den anderen Arbeiten weiter geht. Vollsporne haben den Nachteil, dass sich die Erde im unmittelbaren Lochbereich zwangsläufig verdichtet. Das gilt natürlich auch für die Grabegabel.

Im Anschluss an das Aerifizieren wird bei Bedarf nachgesät und gedüngt (siehe Vertikutieren). Meist wird die Gesamtfläche nach dem Aerifizieren besandet, das heißt die gestochenen Löcher werden mit Sand in der Körnung 0-2 mm verfüllt, damit sie über längere Zeit ihre Drainagewirkung erfüllen. Der günstigste Zeitraum ist auch hier Mitte April bis Mitte Juni. Bei stark belasteten Rasenflächen ist ein Aerifizieren im Abstand von 3-5 Jahren sinnvoll. Im durchschnittlichen Hausgarten und bei guter Bodenvorbereitung wird man auf das großflächige Aerifizieren ganz verzichten können.

Aerifiziermaschine mit Hohlspornen.

12. WILDKRÄUTER, MOOS

An dieser Stelle könnten wir endlos philosophieren ... über den Stellenwert der Natur in unserer Gesellschaft im Allgemeinen oder bei uns im Besonderen! Keine Angst, ich will Sie nicht belehren, bekehren oder Ihnen ein schlechtes Gewissen einreden, weil Sie einen „schönen", unkrautfreien Rasen anstreben. Aber das Thema sollte uns schon ein paar Gedanken wert sein.

Wir sind immer im Spagat: Einerseits wollen wir die paar Quadratmeter Rasen zum Spielen und Relaxen nutzen. Andererseits wollen wir der Natur ein Refugium bieten.

Nähern wir uns dem Konflikt ohne Wertung. Eine Blumenwiese zieht Insekten an. Ein paar abgefallene Pflaumen ziehen noch mehr Insekten an. Grundsätzlich ist alles, was natürlich geschieht, gut – für die Natur. Der Störenfried der Natur ist immer der Mensch.

Rasen oder Blumenwiese - oder beides?

Andererseits: Es hat einen guten Grund, wenn wir uns Rasen anlegen statt einer Blumenwiese. Rasen ist als Liegeplatz geeigneter. Er ist trittfester, was ihn für Spiele auszeichnet, und die Grasnarbe hält starken Scherkräften stand. Letztere Eigenschaft ist unverzichtbar bei vielen Sportarten, weil die Sicherheit davon betroffen ist.

Eines muss aber klar ausgesprochen werden: Mit Natur hat der intensiv gepflegte Sport-, Spiel- oder Zierrasen nicht mehr viel zu tun. Ökologisch ist er nur wenig wertvoller als ein Feldweg.

Wir richten unseren Garten so ein, dass wir ihn nach unseren Bedürfnissen nutzen können – sozusagen als Refugium für uns. Der Naturfreund wird sich an seiner lebendigen Blumenwiese freuen. Die tobenden Kinder brauchen einen strapazierfähigen Rasen ohne viel „Beiwuchs". Irgendwo dazwischen wird sich jeder seinen Rasen einrichten. Auf Nuancen und Alternativen komme ich gleich.

12.1 UNERWÜNSCHTE KRÄUTER

Sie haben bis jetzt schon viel gelesen, was zu geringerem Kräuteraufkommen führt. Die richtige Düngung, der regelmäßige, kurze Schnitt, eine gute Gräsermischung usw. Nun haben die Rasenunkräuter reagiert und ihr Wuchsverhalten den Bedingungen angepasst – die Natur ist cleverer, als wir denken. Sie vertragen teilweise sehr kurzen Schnitt und sind mit dem Ausstechen auch nicht völlig auszumerzen. Sicher muss auch nicht jedes Kraut bekämpft werden, das sich erlaubt zu wachsen. Aber manche Kräuter nehmen einfach überhand, wenn man nichts dagegen tut. Wir teilen sie in zwei Gruppen ein.

12.1.1 ROSETTEN BILDENDE KRÄUTER

Es sind Kräuter, die aus einem sehr tief liegenden Vegetationspunkt heraus Wurzeln, Blüten und Blätter treiben. Diese Blätter decken den Boden oft so dicht ab, dass darunter kein Wachstum mehr möglich ist. Der Rasen an dieser Stelle stirbt mangels Licht ab. Werden diese Kräuter gejätet, kommen 5-20 cm große Kahlstellen zum Vorschein. Diese Stellen sind unbedingt nachzusäen, weil die Natur solche Lücken von selbst wieder schließt – in ihrem eigenen Sinne!

■ GÄNSEBLÜMCHEN – BELLIS PERENNIS.

Es sieht harmlos aus und ist schön anzusehen, wenn es blüht. Das Gänseblümchen vermehrt sich durch Samen. Theoretisch müssen wir es immer wieder kurz mähen, sodass es nicht zum blühen kommt. In der Praxis zeigt sich, dass es schon nach einer Saison mit extrem kurzem Schnitt bereits Blüten unter der Schnitthöhe ausbilden kann!

Gänseblümchen sind schön, nehmen jedoch schnell überhand.

Schaffen wir es nicht, das Gänseblümchen durch ständiges Mähen an der Samenbildung zu hindern, vermehrt es sich massenhaft, verdrängt die Gräser und bildet einen dichten Teppich. Frühzeitiges ausstechen schon beim ersten Aufkommen erspart später großen Aufwand. Achten Sie darauf, auch die kurzen Ausläufer auszustechen, besser noch, in feuchtem Boden auszureißen.

■ BREITWEGERICH – PLANTAGO MAJOR.

Viele Kräuter kommen bei strapazierten Rasenflächen gar nicht auf. Die Wegerich-Arten vertragen jedoch auch starke Trittbelastung und gelten als Zeigerpflanze für verdichtete Böden. Ihre Wurzeln reichen bis zu 80 (!) cm tief. In der Natur besiedelt der Wegerich Magerwiesen und Trockenrasen. Regelmäßiges beregnen und düngen drängt ihn zurück.

Breitwegerich.
FOTO: FRANK VINCENTZ

■ LÖWENZAHN – TARAXACUM OFFICINALE.

Seine Fähigkeit, sich an Tiefschnitt anzupassen, hilft ihm, sich im Rasen auszubreiten. Auf Wiesen werden die Blütenstängel 50 cm und höher. Auf kurzem Rasen wird der Stängel nur wenige Millimeter lang, um dem Schnitt zu entgehen, und die Blüte wird extrem früh reif. Seine Pfahlwurzel reicht bis einen Meter tief! Deshalb ist Löwenzahn so hartnäckig.

Selbst bei tiefem Ausstechen verbleibt immer ein Stück der Wurzel im Boden, das sich verzweigt und neue Sprosse treibt. Der Samen verbreitet sich durch Wind und sorgt permanent für „Nachschub“.

Löwenzahn ist schwer einzudämmen.

■ HIRTENTÄSCHELKRAUT – CAPSELLA BURSAPASTORIS.

Solange es keine Samen verbreitet, ist es leicht einzudämmen. Bei planmäßiger Düngung wird es von alleine verschwinden. Es liebt nämlich eher magere Standorte wie an Wegrändern, Schutt- und Geröllhalden.

12.1.2 AUSLÄUFER TREIBENDE KRÄUTER

Sie sind am schwierigsten im Zaum zu halten, weil sie sich ihrem neuen „Lebensraum Rasen“ perfekt anpassen: Sie verringern ihre Wuchshöhe und kriechen so flach, dass ihnen der Rasenmäher nichts anhaben kann. Sie vermehren und verbreiten sich durch oberirdische oder unterirdische Ausläufer.

ACHTUNG: Solche Bestände zu vertikutieren, ist Vermehrung in großem Stil! Sparen Sie also diese Flächen beim Vertikutieren lieber aus, sonst werden Sie der Plage nicht mehr Herr. Überhaupt gilt bei den Ausläufer treibenden Kräutern, sehr frühzeitig und vollständig zu jäten, sonst ist diese Gruppe ohne Chemie nicht mehr zu bändigen.

■ KRIECHENDER HAHNENFUSS – RANUNCULUS REPENS.

In der Natur besiedelt der Kriechende Hahnenfuß feuchte, humusreiche Böden. Auch schwere, verdichtete Böden können ihm nichts anhaben. Er wird normalerweise 10 bis 50 cm hoch, kann sich aber im Rasen sehr schnell „ducken“ und wird plötzlich nur noch 2 bis 5 cm hoch. An jedem Knoten kann sich eine neue Pflanze entwickeln. Das macht ihn so gefürchtet unter den Gartenbesitzern. Zumindest chemisch ist er noch befriedigend zu bekämpfen.

Kriechender Hahnenfuß.

■ EHRENPREIS IN VERSCHIEDENEN ARTEN – VERONICA.

Die kleineren Ehrenpreis-Arten schleichen sich im Rasen ein und können sich schnell vermehren. Besonders der Faden-Ehrenpreis treibt bis zu 50 cm lange Triebe, die sich an jedem Knoten neu bewurzeln können. Bei optimalen Rasen-Bedingungen fühlen sich auch Ehrenpreis-Arten wohl. Oft bleibt nur die „chemische Keule".

■ QUECKE - ELYMUS REPENS.

Die Quecke ist in einem Rasen an schnellwachsenden Horsten erkennbar. Einzelne Gräser breiten sich zu dichten Horsten von 20-40 cm aus und verdrängen die „Edelgräser". Sie wächst wesentlich schneller und höher (50-100cm) als Rasengräser und ist alleine daran schon zu erkennen. Die Quecke siedelt sich an Kahlstellen oder bei weniger dichter Grasnarbe an.

Bei regelmäßigem, kurzem Schnitt ist sie leicht in Schach zu halten. Große Büschel kann man ausreißen, jedoch bleiben immer Wurzelspitzen im Boden, die neu austreiben.

■ WEISSKLEE - TRIFOLIUM REPENS.

Er wächst rasant und kann sich mit seinen oberirdischen Ausläufern auch schnell vermehren. Bei guter Nährstoff-Versorgung wird er zurückgedrängt. Das ist die wirkungsvollste Prävention. Nach dem Vertikutieren unbedingt darauf achten, dass die Triebe vollständig entfernt sind. Danach ist nachzusäen.

■ SAUERKLEE IN VERSCHIEDENEN ARTEN – OXALIS.

Speziell Hornsauerklee – Oxalis corniculata, zähle ich zu den schwierigsten Kräutern. Ja, ihn bezeichne ich sogar als Unkraut, weil er schlecht, bis gar nicht zu bekämpfen ist. Er kriecht mit einem extrem dichten Wurzel- und Ausläufersystem und kann in nur ein bis vier Zentimeter Höhe einen dichten Teppich ausbreiten. Einzelpflanzen sind kaum zu bekämpfen.

Horn-Sauerklee ist extrem schwer zu bekämpfen.

Bei betroffenen Stellen mindestens 10 cm tief ausheben, frische Erde auffüllen und neu einsäen. Hat er sich zwischen Pflastersteinen breitgemacht, gibt es keine Chance auf konventionelle Bekämpfung. Selbst viele chemische Präparate versagen bei Sauerklee. Mehrmalige Behandlung mit Totalherbiziden ist der letzte Ausweg, der beschränkten Erfolg verspricht. Alternativ hierzu können Sie solche Pflasterflächen regelmäßig abflammen, in der Hoffnung, dass der Klee vor Ihnen aufgibt.

■ GUNDERMANN – GLECHOMA HEDERACEA.

Ein Kraut, das bei idealen Rasenbedingungen wächst: Häufiger Schnitt, gute Nährstoff-Versorgung und humoser, feuchter Boden. Gundermann treibt bis zu zwei Meter lange, zum Teil unter der Mähgrenze von 4 cm wachsende Ausläufer, die an den Knoten einwurzeln. Eine wirksame Bekämpfung ist nur im Anfangsstadium möglich. Chemische Bekämpfung z.B. mit Dicotex.

Alternativ örtlich begrenzte Unkrautvernichtung mit Totalherbiziden. Ähnliche Wachstumsbedingungen und Wuchsverhalten sind auch beim **KRIECHENDEN FINGERKRAUT (POTENTILLA REPTANS)** gegeben.

Kriechender Hahnenfuß.

12.1.3 MOOS

Vermehrtes Auftreten von Moos im Rasen deutet immer auf Fehler bei der Anlage oder Pflege des Rasens hin. Mit der Lüfterwalze ist es einfach zu entfernen. Ist jedoch die Ursache nicht beseitigt, wird Moos ganz schnell wieder die kahlen Stellen besiedeln. Das sind die häufigsten Ursachen:

Im **SCHATTEN** wächst Moos und das verdrängt die Gräser sehr schnell, weil diese durch Lichtmangel geschwächt sind. Auch spezieller Schattenrasen wäre in dunklen Ecken keine gute Idee. Die Alternative ist eine lebendige Bepflanzung mit robusten, schattenverträglichen, bodendeckenden Stauden und Gehölzen.

■ **MANGELNDE NÄHRSTOFFVERSORGUNG.** Moose wachsen auf mageren Böden mit schwacher Nährstoff-Versorgung. Eine Düngung nach Plan wird das Moos wohl nicht ganz vernichten, aber doch stark eindämmen.

■ **STAUNÄSSE** bzw. verdichtete Böden führen ebenfalls zu starkem Moosbewuchs, weil die Moose nun mal die Feuchtigkeit lieben. Der Fehler liegt oft schon bei der Bodenvorbereitung, wenn die Böden zu schwer und stark verdichtet sind. Abhilfe schafft tiefgründige Durchlüftung. Meist sind ja nur wenige Quadratmeter betroffen. Solch kleine Flächen können Sie mit der Grabegabel 20-30cm tief lüften und die Löcher mit Sand befüllen. Besser ist ein Bodenaustausch an dieser Stelle oder zumindest die Zugabe von 20-30% Sand, und zwar so tief, dass die sogenannte Sperrschicht durchbrochen ist und das Wasser wieder ablaufen kann. Oft geht Staunässe mit einer sauren Bodenreaktion einher.

Moos im Rasen.

■ **SAURE BODENREAKTION.** Die meisten Moose sind im sauren Milieu zuhause, also bei einem pH-Wert unter sechs. Sie können jedoch auch noch in neutralen bis leicht alkalischen Böden bestehen, wenn die übrigen Bedingungen stimmen (Feuchte und Schatten). Moos verträgt aber keine schnelle Veränderung der Bodenreaktion und diese Schwäche nutzen wir durch Kalken des Bodens aus. Als grober Anhaltspunkt gilt: Um den pH-Wert von 5,5 auf 6,5 anzuheben, geben Sie bei einem sandigen Lehmboden ca. 300 Gramm kohlensauren Kalk je Quadratmeter. Bei Verwendung von Branntkalk reichen 150 Gramm je Quadratmeter. Nochmal der Hinweis beim Umgang mit Branntkalk: Augen, Atemwege und Schleimhäute schützen und nach der Kalkgabe den Rasen bzw. die Pflanzen gründlich wässern. Ich verwende Branntkalk als Einzelgabe mit maximal 40 Gramm je Quadratmeter. Nötigenfalls können Sie die Gaben wiederholen. Dieser Kalk wirkt sofort im Boden, weil er wasserlöslich ist. Ich erinnere daran, nicht planlos zu kalken! Messen Sie zuvor den pH-Wert (Kapitel „Düngung“).

12.2 MECHANISCHE KRÄUTERBEKÄMPFUNG

Sie wissen es schon: Das Universal-Rezept gegen unerwünschte Kräuter ist - bis auf wenige Ausnahmen - eine optimale Rasenpflege. Also kurzer, häufiger Schnitt, gute Nährstoffversorgung sowie optimale Standort- und Bodenverhältnisse. Nehmen dennoch unerwünschte Gäste überhand, ist zunächst Jäten angesagt. Zumindest im Anfangsstadium bringt das noch Erfolg.

■ ZUPFEN

Alle Kräuter, die kein massives Wurzelwerk haben, sind leicht zu zupfen bzw. auszureißen. Bei feuchtem Boden geht das einfacher als in trockenem Boden. Bei schweren Böden ist es deshalb manchmal schwierig, den richtigen Zeitpunkt abzupassen.

■ AUSSTECHEN

Ich bewundere die geduldigen Gartenfreunde, die Stunden, ja Tage damit verbringen, Unkraut auszustechen. In der Tat ist Geduld gefragt, denn viele der ausgestochenen Pflanzen können aus einem kleinen Wurzelrest, der im Boden stecken geblieben ist, wieder austreiben. Erst das beharrliche, immer wiederholte Ausstechen bewegt die Eindringlinge zur Aufgabe. Die schmalen Unkrautstecher sind dafür eine gute Hilfe.

Unkrautstecher.

■ VERTIKUTIEREN

Vielfach wird das Vertikutieren auch als Unkrautbekämpfung angepriesen. Bei Moosen und bei manchen Rosetten bildenden Kräutern ist das hilfreich. Gerade oberirdisch Ausläufer treibende Kräuter reagieren jedoch nach durchtrennen ihrer Ausläufer mit explosionsartigem Wachstum. Kein Wunder, denn an jedem Knoten können die Triebe Wurzeln schlagen, und sind nach dem Vertikutieren eigenständige Pflanzen, die verstärkt wachsen. Bevor Sie also verunkrautete Rasenflächen vertikutieren, prüfen sie genau, dass Sie sich durch ungewollte Unkrautvermehrung kein Eigentor schießen.

■ ABFLAMMEN

Das Abflammen ist im Vergleich zur chemischen Unkrautbekämpfung eine umweltfreundliche Methode. Eine kleine Gaskartusche oder auch eine Fünf-Liter-Gasflasche in der einen, den Flammenwerfer in der anderen Hand, verbrennen Sie gezielt nur bestimmte Kräuter.

Der Wermutstropfen ist, dass dabei auch Kleintiere und Mikroorganismen an der Oberfläche abgetötet werden, die nicht schnell genug fliehen können. Außerdem sind nur die Blätter abgetötet. Wurzelunkräuter werden sofort wieder austreiben. Nur das mehrfach wiederholte Abflammen wird die hartnäckigen „Wildlinge" zur Aufgabe bewegen. Gegen den Hornsauerklee ist es auf befestigten Flächen eine wirkungsvolle Kampfstrategie. Auf Rasenflächen sind geflammte Punkte in der Regel nachzusäen.

Für die flächige Anwendung, z.B. auf Wegen brauchen Sie allerdings leistungsfähige Profi-Geräte, wenn Sie diese Arbeit nicht gerade als Meditationstraining betrachten.

Handarbeit oder Chemie gegen die Unkräuter?

12.3 CHEMISCHE KRÄUTERBEKÄMPFUNG

Nicht ohne Grund bespreche ich die „chemische Keule“ zum Schluss. Es soll die letzte Möglichkeit sein, ungewollte Beikräuter loszuwerden. Auch bei Unkrautbekämpfungsmitteln, so genannten „Herbiziden“, gilt das Gesetz zum Schutz der Kulturpflanzen (Pflanzenschutzgesetz). Demnach dürfen Pflanzenschutzmittel

- nur an Personen mit Sachkunde-Nachweis (z.B. Gärtner und Landwirte) oder,
- **SPEZIELL FÜR DEN PRIVATEN GEBRAUCH IM HAUSGARTEN, ZUGELASSENE UND GEKENNZEICHNETE PRÄPARATE UND NUR NACH SACHKUNDIGER BERATUNG AN ENDVERBRAUCHER VERKAUFT WERDEN.***
- Ausschließlich nach Indikation und den Hinweisen (auf dem Beipackzettel ausführlich erläutert) angewendet werden. Die Verantwortung dafür liegt immer beim Anwender.

*Theorie und Praxis stehen auch hier weit auseinander. So sind für den privaten Gebrauch nur Kleingebinde zugelassen. Im Internet werden aber Jedermann Pflanzenschutzmittel (auch Großpackungen) angeboten und verkauft, der versichert, „sachkundig“ im Sinne des Pflanzenschutzgesetzes zu sein. Nach meiner Erfahrung wird weder kontrolliert noch sachkundig beraten.

Pflanzenschutzmittel dürfen ausschließlich auf landwirtschaftlich, forstwirtschaftlich oder gärtnerisch genutzten Flächen genehmigungsfrei ausgebracht werden. Hierzu zählen nach derzeitigem Stand auch Hausgärten. Die Anwendung von Unkrautbekämpfungsmitteln auf Nichtkulturland (Spielplätze, öffentliches Grün usw.) bedarf einer Genehmigung durch die zuständigen Pflanzenschutzämter. Insbesondere auf versiegelten Flächen ist die Anwendung von Unkrautbekämpfungsmitteln **VERBOTEN,** weil dadurch das Oberflächenwasser stark belastet wird.

Konkrete Informationen, die ständig aktualisiert werden, bekommen Sie auf der Webseite des „Dienstleistungszentrums ländlicher Raum Rheinpfalz“: http://www.hausgarten.pflanzenschutz-information.de/.

Wie ein Unkrautbekämpfungsmittel seine Wirkung entfaltet, hängt vom Wirkstoff ab. Im Handel sind ungezählte Präparate, die sich auf wenige Wirkstoffe stützen. Um die Präparate in ihrer Wirkung und im Preis vergleichen zu können, achten Sie also auf den Wirkstoff. Sie werden feststellen, dass es bei verschiedenen Präparaten mit dem gleichen Wirkstoffinhalt große Preisunterschiede in den Anwendungskosten je Quadratmeter gibt. Das Wichtigste steht auf der Verpackung (Wirkstoff, Zulassungsnummer, Anwendung, Zulassung bei beschriebener Indikation usw).

Pflanzenschutzmittel: Hinweise auf der Verpackung.

Wir unterscheiden Totalherbizide und Selektivherbizide.

12.3.1 TOTALHERBIZIDE

Es sind Unkrautbekämpfungsmittel, die auf alle Pflanzen wirken. Sie werden z.B. eingesetzt, bevor verwilderte Flächen wieder in Kultur genommen oder extrem verunkrautete Rasenflächen generalsaniert werden. Bekanntestes Präparat in dieser Gruppe ist z.B. „Round up" mit dem Wirkstoff Glyphosat. Die meisten Totalherbizide enthalten diesen Wirkstoff.

■ **SYSTEMISCHE PRÄPARATE** werden von den Blättern aufgenommen, in der Pflanze verteilt und führen so zum Absterben der ganzen Pflanze. Bewährter Wirkstoff ist auch hier wieder Glyphosat, eine Salzverbindung, die relativ schnell abgebaut wird, aber auch wegen der vermuteten Nebenwirkungen ökologisch heiß umstrittenen ist.

Für den Haus- und Kleingarten sind z.B. Round up oder Vorox zugelassen. Allerdings nur auf intaktem, offenem Kulturboden. Auf versiegelten Flächen kann der Wirkstoff nicht abgebaut werden und wandert in die Kanalisation. Deshalb ist die Verwendung auf Wegen und in der Nähe von Gewässern untersagt.

Wichtig ist, systemische Mittel während der Vegetationszeit (April – Oktober) auszubringen. Je aktiver die Pflanzen wachsen, um so effektiver ist die Wirkung der Anwendung. Die Pflanzen sollten genügend Blattmasse entwickelt haben, um den Wirkstoff aufzunehmen. Und natürlich muss die Applikation am Blatt einige Stunden trocknen können. Ein Regenguss unmittelbarer nach der Anwendung macht die Wirkung möglicherweise zunichte.

Daneben gibt es **PRÄPARATE MIT KONTAKTWIRKUNG.** Hier werden nur die besprühten Pflanzenteile vernichtet. Wurzelunkräuter werden wieder austreiben. Ein umweltfreundlicher und gleichzeitig effektiver Wirkstoff dieser Gruppe ist die Pelargonsäure, eine in der Natur häufig vorkommende Fettsäure, die die Blätter verbrennt (z.B. Finalsan). Die Wirkungsweise dieser Präparate ist vergleichbar mit dem Abflammen.

12.3.2 SELEKTIVHERBIZIDE

Unterschiedliche Stoffwechselvorgänge bei verschiedenen Pflanzenarten nutzt man mit selektiv wirkenden Herbiziden aus. Gräser gehören zur Gruppe der einkeimblättrigen Pflanzen. Die meisten breitblättrigen Kräuter gehören zu den zweikeimblättrigen Pflanzen. Sie reagieren sehr empfindlich auf verschiedene Wachstumshormone (Auxine). Im Rasen sind es vier Wirkstoffe, die - teils miteinander kombiniert - die Unkräuter vernichten, dem Rasen aber nicht schaden. Soweit die Theorie.

Bei der praktischen Anwendung ist einiges zu beachten.

- Es gibt manche recht hartnäckige Kräuter, gegen die „kaum ein Mittel gewachsen" ist. Der Schachtelhalm gehört dazu, die Ackerwinde, der Sauerklee oder der Huflattich.
- Die Natur wird sich ihren Einflüssen anpassen. Das heißt, gerade bei regelmäßigem Gebrauch, also mehr als einmal pro Jahr, ist möglicherweise eine Resistenzbildung der Kräuter möglich. Wissenschaftliche Erkenntnisse darüber sind mir allerdings nicht bekannt.
- Die Anwendung muss während der Wachstumsperiode erfolgen und natürlich muss der Wirkstoff auch aufgenommen werden, bevor es wieder regnet.

Die folgende Liste gibt Aufschluss darüber, welche Wirkstoffe gegen die wichtigsten Kräuter geeignet sind.

Deutscher Name	Botanischer Name	Signifikante Wirkstoffe			
		2,4D	MCPA	MCPP-P	Dicamba
Distel, Kratz-	Cirsium arvense	X	X		X
Ehrenpreis, Faden-	Veronica filiformis			X	
Fingerkraut	Potentilla reptans	X			X
Gänseblümchen	**Bellis perennis**	X	X		
Gartenschaumkraut	Cardamine hirsuta	X			
Gundermann	Glechoma hederacea	X	X		
Hahnenfuß, knolliger	Ranunculus bulbosus	X	X		
Hahnenfuß, kriechender	**Ranunculus repens**		X	X	
Hornklee, gewöhnl.	Lotus corniculatus	X		X	
Hornkraut	Cerastium arvense			X	X
Klee, Sauer-	**Oxalis acetosella**	X		X	
Klee, Weiß-	**Trifolium repens**	X		X	
Knöterich, Vogel-	Polygonum aviculare			X	X
Kreuzkraut, Gemeines	Senecio vulgaris	X	X		X
Löwenzahn	**Taraxacum offic.**	X	X		
Vogelmiere	Stellaria media			X	X
Wegerich, Breit-	**Plantago major**	X	X	X	
Wegerich, Mittlere- und Spitz-	Plantago media und Pl. Lanceolata	X	X	X	

Die wichtigsten Kräuter und die Wirkstoffe dagegen.

Bei einer Anwendung von Herbiziden sollten Sie sich darüber klar sein, gegen welche Kräuter Sie vorgehen möchten. Eine gezielte Anwendung ist wirkungsvoller als ein Universal-Mittel. Auf den Packungen stehen sowohl die Wirkstoffe als auch das Wirkungsspektrum.

Das Angebot an selektiven Unkrautvernichtern ist riesig und ändert sich in immer kürzeren Abständen. Deshalb hilft es Ihnen nicht viel, die zur Zeit aktuellen Präparate aufzulisten. Ich habe recht gute Erfahrungen mit Banvel M und Dicotex. Letzteres enthält den Wirkstoff „MCPP-P", dessen Zulassung ausläuft. Bei Drucklegung waren manche Präparate mit diesem Wirkstoff noch im Handel. Dicotex darf nach meiner Recherche noch bis 31.01.2021 verwendet werden.

Lassen Sie sich im Fachhandel über aktuell zugelassene Mittel für Ihren Verwendungszweck beraten. Wer sich verbindlich und umfassend bei amtlicher Stelle informieren will, für den ist das Verzeichnis zugelassener Pflanzenschutzmittel, herausgegeben vom Bundesamt für Verbraucherschutz und Lebensmittelsicherheit, interessant: www.bvl.bund.de.

12.4 ODER KEINE BEKÄMPFUNG?

■ OPTIMALE BEDINGUNGEN

Ich habe es schon mehrfach gesagt: Optimale Pflege ist die beste Kräuterbekämpfung. Dann gibt es nur noch wenige, die Sie ärgern können. Dagegen hilft vielleicht auch eine andere Einstellung zur Natur.

■ EXTENSIVRASEN

Ich mache keinen Hehl daraus: Extensiv gepflegter Rasen würde allenfalls in der alternativen Szene einen Schönheits-Wettbewerb gewinnen. Er wird nur 12-14 mal im Jahr gemäht und wenig gedüngt. Als „Gegenleistung“ stellen sich viele bunte Blumen ein. Dass Extensivrasen ökologisch wertvoller ist, können Sie sich denken, allerdings mit Einschränkungen bei der Nutzung.

■ EIN GESUNDER KOMPROMISS

Pflegen Sie Ihren Rasen, wie Sie möchten – alles ist in Ordnung. Mir ist wichtig, dass sich keine Denkmuster einschleichen, die uns und die Natur behindern. Konkreter: Überprüfen Sie Ihre Einstellung zur Natur und zur Nutzung Ihres Rasens.

Möchten Sie einen Rasen zum Repräsentieren? OK, dann ran an die Arbeit. Wenn Sie aber nur meinen, dieses oder jenes „Unkraut“ habe im Rasen nichts verloren, dann lohnt es sich, darüber nachzudenken. Schadet es dem Rasen? Wird es sich unaufhaltsam ausbreiten oder kann ich es durch vernünftige Rasenpflege in Schach halten? Stört es die Funktion des Rasens als Spielwiese?

Sind Sie sich darüber klar, dann werden Sie wesentlich gelassener mit der Frage umgehen, was, ob überhaupt und wie viel Sie gegen Fremdkräuter unternehmen.

Eine drei Quadratmeter große „Naturinsel“ im Rasen.

Selbst in einem kleinen Reihenhausgarten gibt es Ecken, die nicht wirklich als Rasen genutzt werden. Mit ein paar Quadratmetern Extensivrasen schaffen Sie sich innerhalb der Rasenfläche eine kleine, attraktive Natur-Insel.

12.5 STÄRKUNGSMITTEL

Pflanzenstärkungsmittel sind nach dem deutschen Pflanzenschutzgesetz „Stoffe, die ausschließlich dazu bestimmt sind, die Widerstandsfähigkeit von Pflanzen gegen Schadorganismen zu erhöhen".

Pflanzenstärkungsmittel müssen vom Bundesamt für Verbraucherschutz und Lebensmittelsicherheit zugelassen sein. Wesentliche Voraussetzung für die Zulassung ist, dass sie keine schädlichen Auswirkungen auf die Gesundheit von Mensch und Tier, das Grundwasser oder den Naturhaushalt haben. **EIN NACHWEIS IHRER WIRKSAMKEIT IST NICHT ERFORDERLICH.**

Im Wesentlichen handelt es sich um folgende Produktgruppen:

- **MIKROBIELLE** Mittel sind z.B. Bodenpilze und Bodenbakterien, die natürliche Umsetzungsprozesse und ein gesundes Bodenleben fördern.

- **ANORGANISCHE WIRKSTOFFE:** Besonders Präparate, die das zellwandstärkende Silikat enthalten, z.B. Gesteinsmehle. Auch Carbonate, Pottasche und Kreide gehören zu dieser Gruppe.

- **ORGANISCHE WIRKSTOFFE:** Getrocknete Pflanzen für den Ansatz von Jauchen, Algenextrakte, ätherische Öle, Pflanzenhormone oder Huminstoffe, z.B. zur Vertreibung tierischer Schädlinge oder zur Prophylaxe von Pilzkrankheiten.

■ **„HOMÖOPATHISCHE“** Pflanzenstärkungsmittel sind meist Komplexmittel mit einer Vielzahl an Wirkstoffen aus mineralischen (Spurenelemente), pflanzlichen und tierischen Ursprüngen, in stark verdünnter Form.

Alle diese Wirkstoffe unterstützen den Rasen im Kampf gegen Krankheiten. Allerdings halte ich sie nur in Einzelfällen, nach gezielter Bodenuntersuchung und evtl. Mangelbefund im Rasen für sinnvoll, denn die Präparate sind zu teuer, als dass man sie mal eben auf Verdacht ausbringt. Bei gesundem Boden und optimaler Versorgung besitzt Ihr Rasen genug Widerstandskraft gegen Krankheitserreger.

13. RASENSCHÄDEN

Neben Schäden durch fehlerhafte Pflege gibt es noch eine Reihe ungewollter Entwicklungen. Manche sind nur vorübergehend, manche sind lästig und andere zerstören den Rasen.

13.1 ALGEN

Bei langanhaltend feucht-warmer Witterung können Algen zum Teil über Nacht gallertartige, schleimige Schichten bilden. Sie überziehen die Bodenoberfläche und siedeln sich auf lückigen, sehr kurz gemähten Flächen an, wo sie genügend Licht zum Wachstum haben. Abhängig von der jeweiligen Art sind die Algenteppiche schwarz-oliv (Blaualgen), grün (Grünalgen) oder braun (Kieselalgen).

Die Algenschichten sind gallertartig, schmierig und verhärten sich bei Trockenheit zu einer festen Kruste. Sie behindern den Luftaustausch und hemmen die Wasserversickerung, weil diese Kruste stark Wasser abweisend wirkt. Außerdem verhindern die Algenteppiche die Regeneration der vorhandenen Gräser. Manche Algenarten sondern sogar toxische Stoffe im Wurzelraum ab, die das Wachstum der Gräser behindern.

Das Gedeihen der Algen ist zwar an Wasser bzw. hohe Bodenfeuchte gebunden. Aber sie können Monate lang austrocknen und auf ihre Chance warten. Bevor die Algen dazu Gelegenheit haben, greifen Sie ein.

■ ALGEN-BEKÄMPFUNG

Die einzige Chance, die Algen zu bändigen: Entfernen Sie die trockene Kruste. Ist sie ziemlich dick und sind keine Gräser eingeschlossen, lässt sich die Kruste leicht mit der Schaufel abheben. Ansonsten hilft nur radikales kreuz und quer Vertikutieren. Anschließend harken Sie die Kruste ab. Vermutlich werden dabei große Lücken zum Vorschein kommen. Das nehmen Sie in Kauf, weil Sie ohnehin nachsäen müssen. Zuvor aber ist die Ursache der Algenplage zu beheben und da ist meist nicht eine alleine:

- Schwerer Boden
- Staunässe
- mangelnde Durchlüftung
- Filzbildung durch unsachgemäßes Mulchen

13.2 PILZKRANKHEITEN

Pilze sind Bestandteil des Bodenlebens mit verschiedensten Aufgaben im Ökosystem. Sie zersetzen organische Substanz, fördern das Bodenleben oder schließen Nährstoffe für Pflanzen auf. Nach Schätzungen fördern etwa 80% der Boden-Pilzarten das Pflanzenwachstum. Ohne Pilze sähe die Natur – und damit auch wir - ziemlich alt aus. Ich erzähle Ihnen das, weil der Ruf nach Pilzbekämpfungsmitteln, so genannten Fungiziden, unüberhörbar ist. Ich rate von Fungiziden im Rasen ab, weil

- in vielen Fällen auch die nützlichen Pilze Schaden nehmen,
- die Wirkung im Rasen nicht besonders effektiv ist,
- Sie durch gezielte Pflege vorbeugen können und
- die meisten Pilze wieder verschwinden, ohne große Schäden anzurichten.

Unser Ökosystem greift auf faszinierende Weise ineinander. Pilze sind „Aufräumer“. Sie zersetzen organische Substanz und bilden Humus im Zusammenspiel mit Bakterien. Besonders nach frischen Kompostgaben werden sich Pilze einstellen. Sie schädigen den Rasen jedoch nicht.

Pflanzenschädliche Pilze schlagen nicht blindlings zu. Sie suchen sich Schwachstellen, Bereiche, die nicht im Gleichgewicht sind. Gesunde, kräftige Pflanzen, respektive Rasengräser, sind in der Lage, die Schadpilze abzuwehren – sie schotten sich ab. Ist der Rasen durch Mangelsymptome geschwächt, haben die Schadpilze leichtes Spiel.

13.2.1 URSACHEN ABSTELLEN - DIE BESTE VORBEUGUNG

■ **DIE URSACHEN:**

Pilze lieben **FEUCHTES MILIEU.** Dies wird begünstigt durch mangelnde Luftzirkulation in zu hohem Wuchs bei dichter Grasnarbe. Auch wenn die Blätter im Schatten nicht richtig abtrocknen können, lassen Pilze nicht lange auf sich warten.

ÜBERVERSORGUNG MIT WASSER UND STICKSTOFF. Besonders im Herbst ist mit Stickstoff nur noch sehr sparsam zu düngen, damit die Gräser nicht zu weich werden. Auch maximale Wasserversorgung führt zu weichen Gräsern, die besonders anfällig für Pilze sind.

Schwächend auf den Rasen wirken auch extreme Beanspruchung und **ANDAUERNDER TIEFSCHNITT.** Wenn die Gräser kontinuierlich solchen Stressfaktoren ausgesetzt sind, verlieren sie ihre Widerstandskraft.

STAUNÄSSE, schwerer Boden oder dicker Rasenfilz durch übertriebenes Mulchen.

■ DIE VORBEUGUNG

Sie können sich die Maßnahmen schon denken. Die Ursachen beseitigen! Hier einige Ansätze:

- Verwenden Sie Regelsaatgutmischungen. Eine ausgeglichene Nährstoff- und Wasserversorgung und minimale bzw. keine Stickstoffdüngung im Herbst sind essentiell.
- Optimal – nicht maximal versorgen.
- Bei extremen Schattenlagen verzichten Sie auf Rasen. Er wird pflegeaufwändiger und vermutlich immer ein „Sorgenkind" bleiben.
- Gewährleisten Sie eine gute Durchlüftung der Grasnarbe durch vertikutieren und ggf. auch aerifizieren. Das Besanden und Aerifizieren durchlüftet den Boden und wirkt Staunässe entgegen.
- Ein Zierrasen ist wegen seiner Dichte pilzanfälliger als ein Spielrasen. Jetzt haben wir alle Tricks und Weisheiten erarbeitet, wie wir zu einem dichten Rasenteppich kommen und dann ist der auch noch anfälliger gegen Pilze. Ja, Sie dürfen protestieren, aber es hilft nichts. Im Mittelweg liegt der Erfolg!

13.2.2 DIE HÄUFIGSTEN PILZKRANKHEITEN

■ SCHNEESCHIMMEL

Es sind anfangs ca. 5 cm große Nassfäule-Flecken, die sich später bis zu 25 cm vergrößern und ineinander übergehen können. Sie sind von einem weißgrauen, gelegentlich auch rötlich schimmernden Myzelbelag überzogen.

In dichter Grasnarbe, also besonders im Zierrasen, breitet sich Schneeschimmel häufig aus. Temperaturen von 0-8°C und hohe Luftfeuchtigkeit sind weitere Voraussetzungen für seine Ausbreitung. Deshalb entsteht Schneeschimmel meist in den Übergangszeiten und in milden Wintern. Während Frostperioden ruht das Myzel und kann sehr lange auf „bessere Zeiten" warten.

Durch eine lange anhaltende Schneedecke wird der Rasen geschwächt. Dann ist er besonders anfällig für den Pilz, was seinen Namen erklärt. Eine direkte Bekämpfung ist nicht möglich. Vorbeugung durch Entfernung des Falllaubes im Herbst, gut durchlüfteter Boden, optimale Pflege, im Herbst keine Stickstoff-Düngung mehr! Bei guten Bedingungen regeneriert sich der Rasen mit Wachstumsbeginn rasch wieder.

■ DOLLARFLECKEN

Anfangs 2 cm, später bis zu 5 cm große, gelbliche Flecken, die scharf vom gesunden Rasen abgegrenzt sind. Ein feines, weißliches Myzel ist am ehesten in den frühen Morgenstunden zu erkennen.

April/Mai und September/Oktober sind die Kernzeiten, in denen die Dollarflecken-Krankheit verstärkt auftritt. Bei anhaltend feuchter Witterung ist über den ganzen Sommer ein Befall möglich. Schwere, schlecht durchlüftete Böden sind die primäre Ursache der Dollarflecken.

Zur Bekämpfung ist der Boden ggf. zu vertikutieren, zu äerifizieren und zu besanden. Ein Rechen und Walzen des Rasens behindert eine Ausbreitung der Dollarflecken deutlich. Kurzfristig ist die Stickstoffdüngung auszusetzen bzw. stark zu reduzieren (gut, wer keine Dauerdünger eingesetzt hat). Sind die Ursachen behoben, regeneriert sich der Rasen schnell wieder.

■ HEXENRINGE

Die Ursache für die Ausbreitung von Hexenringen ist noch nicht erforscht. Deshalb tappen wir auch bei der Bekämpfung im Dunkel. Sie können das ganze Jahr über auftreten. Hervorgerufen werden die Hexenringe durch unterschiedliche Pilzarten, die auch unterschiedliche Schadbilder zeigen.

Immer sind es 0,5 bis 5 m große, mehr oder weniger vollendete Kreise von kräftig grüner Farbe, die auch ineinander verlaufen können. Diese starke Grünfärbung ist auf die Freisetzung von Stickstoff zurückzuführen, den die Pilze bei der Umsetzung organischer Substanz verfügbar machen. Im schlimmsten Fall werden die Gräser im Innern des Kreises stark geschädigt.

Die gute Nachricht: Diese Form der Hexenringe ist relativ selten, die beiden anderen Arten sind Schönheitsfehler, die sich wieder überwachsen und dem Rasen nicht schaden. Sie zeigen nur die dunkelgrünen Kreise, mit oder ohne Pilzfruchtkörper, ohne Schädigung des Rasens.

Hexenringe, harmlose Variante

FOTO LINKS: KINTAYO
FOTO RECHTS: KELISI

Das Myzel ist stark Wasser abweisend. Deshalb vertrocknen die Rasengräser regelrecht bei der erstgenannten Pilzform. Ein tiefgründiges Durchstechen der befallenen Stellen mit der Grabegabel und anschließendes, durchdringendes Wässern kann Besserung bringen. Wirkliche Bekämpfungsmethoden sind nicht bekannt. Nach einigen Monaten verschwinden die Hexenringe wieder.

■ ROTSPITZIGKEIT

Bei feinem Zierrasen und unzureichender Nährstoffversorgung tritt nach feuchtwarmen Perioden die Rotspitzigkeit auf. Sie zeigt sich anfangs in unregelmäßig geformten Flecken von geschädigten bis abgestorbenen Gräsern. Im weiteren Verlauf ist ein geweihartiges, rosafarbenes Myzel an den Blattspitzen sichtbar, das sich im Extremfall zu einem klebenden, gallertartigen Überzug ausweiten kann. Hauptsächliche Verbreitung von Mai bis Oktober bei warmer, feuchter Witterung.

Gegenmaßnahmen: Gezielte Düngung, besonders mit Stickstoff, evtl. reduzieren der Beregnung. Bei trockener Witterung verschwindet die Rotspitzigkeit wieder von selbst.

■ ROST

Bevorzugt im Sommer und Frühherbst bilden sich auf den Rasengräsern gelbe Flecken. Später, je nach Rostart, gelbe, orange oder schwarze, Sporen stäubende Pusteln. Ursache sind Stressfaktoren durch Nährstoff-, Licht- oder Wassermangel bei gleichzeitig hoher Luftfeuchte und warmer Witterung.

Die möglichen Maßnahmen sind sehr begrenzt: Beheben Sie, soweit möglich, die Stressfaktoren. Sinnvoll ist es auch, die Zwischenwirte der Pilze zu beseitigen. Dazu gehören in erster Linie die Berberitzen-Arten. Die Rostkrankheiten sind in der Regel keine ernsthafte Bedrohung des Rasens.

■ PHYTIUM-FÄULE

Es ist eine Blatt- und Wurzelfäule. Bei neuen Einsaaten kann Phytium bei zu dichter Saat und schwierigen Allgemein-Bedingungen (schwerer, nasser Boden, anhaltend hohe Luftfeuchte, falsche Nährstoff-Versorgung) zu großen Lücken bei den frisch gekeimten Gräsern führen. Nach der Keimung fault der Wurzelhals und die Gräser fallen um.

Bei bestehendem Rasen sind es ebenfalls die schweren Problemböden, hohe Tages- und Nachttemperaturen (über 30 bzw. 20°C) bei hoher Luftfeuchte, die Phytium-Fäule begünstigen. Die Halme faulen meist an der Basis ab und vertrocknen dann.

Tatsächlich ist das Schadbild auf den ersten Blick mit einem Trockenschaden oder einer Verbrennung zu verwechseln. Zupfen Sie aber an einem abgestorbenen Halm, merken Sie, dass er gar keine Verbindung mehr zum Boden hat, weil er abgefault ist. Auch hier gibt es keine wirksamen Bekämpfungsmaßnahmen – nur die Behebung der Ursachen, soweit sie in unserer Macht steht.

DIE HÄUFIGSTEN PILZKRANKHEITEN IM JAHRESVERLAUF:

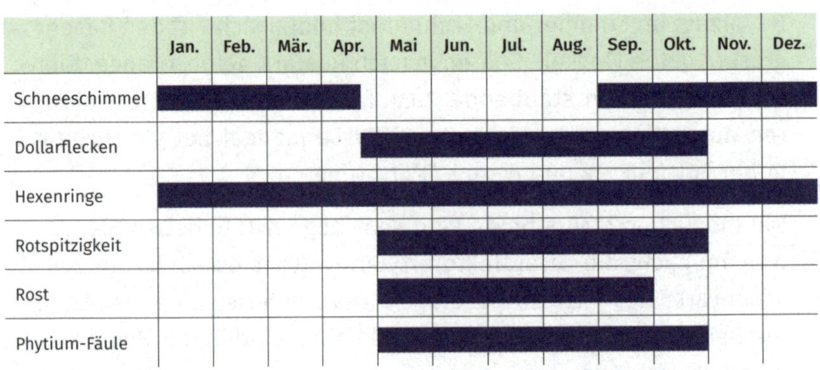

13.3 TIERISCHE SCHÄDLINGE

13.3.1 AMEISEN

Zunächst sind Ameisen als Nützlinge zu sehen. Sie ernähren sich von Insekten (leider nicht von denen, deren Honigtau sie mögen) und zersetzen organische Substanz. Sie gelten sozusagen als „Aufräumer“ im Garten. Außerdem verursachen sie - zumindest im Rasen - meist keine existentiellen Schäden. Die häufigsten Arten in unseren Gärten sind die Wegameise und die Rasenameise. Sie bevorzugen warme, trockene Sandböden (oft im Sand unter Plattenwegen).

Die emsigen Tierchen leben zum größten Teil unterirdisch, wo sie sich weit verzweigte Gänge schaffen. Obwohl sie keine Wurzeln direkt abfressen, trocknen die Wurzeln durch die Gänge im Sandboden schnell aus und machen den Rasen an diesen Stellen besonders empfindlich. Schade, dass sie nicht im Lehmboden „arbeiten“, denn dort wäre eine Bodendurchlüftung durch die Gänge durchaus gewollt.

Ameisen können im Rasen auch richtig lästig werden. Kommen sie in großen Massen vor, zerstören sie die Grasnarbe und machen aus dem Rasen eine „Hügelpiste“. Charakteristisch sind 5-15 mm hohe Streifen von aufgeworfener Erde. Besonders bei Zierrasen und Golfgreens, also sehr kurz gemähten Flächen, wird das zum Problem.

Zur Bekämpfung der Ameisen gibt es einige bewährte Maßnahmen, die die Völker nicht gleich vernichten:

- **UMSIEDLUNG.** Suchen Sie den Bau der Ameisen und stülpen einen Blumentopf aus Ton, gefüllt mit Holzwolle, darüber. Etwas Honig an der Holzwolle verstärkt die Verlockung, den „neuen Bau“ zu beziehen. Die Ameisen werden sich samt Königin dahin konzentrieren und können nach 10-20 Tagen schon großräumig ausgehoben und umgesiedelt werden. Beobachten Sie das Ameisenleben an der Stelle genau. Meist ist die Sache mit dem Topf mindestens einmal zu wiederholen, um auch sicher zu gehen, dass die Königin mit ihrem Nachwuchs dabei ist. Manchmal bedarf es auch mehrerer Blumentöpfe.
- Die Möglichkeiten der **VERTREIBUNG** sind alle nur kurzfristig und müssen in relativ kurzen Abständen, besonders nach einem Regen, erneuert werden. Ameisen haben einen ausgeprägten Geruchssinn. Er hilft ihnen, Ihren Bau wiederzufinden. Lenken wir die Arbeiterinnen ab, z.B. mit Parfüm oder Essigwasser bzw. spülen ihre Duftmarken regelmäßig mit Wasser ab, sind sie leicht durcheinanderzubringen und suchen – mit Glück – eine neue Bleibe außerhalb unseres Gartens. Gewürznelken, Zitronenscheiben oder Lavendelblüten verbreiten einen für die Ameisen unangenehmen Duft, den sie meiden. Allerdings verflüchtigt sich der Duft relativ schnell. Solche und andere Duftstoffe auszubringen, wird vielfach als wirkungsvoll angepriesen. Ich konnte damit jedoch signifikanten Ergebnisse erzielen.
- **VORBEUGUNG.** Achten Sie darauf, die Tischdecke mit den Brotkrumen nicht auf der Terrasse oder dem Rasen auszuschütteln. Speisereste locken auch Ameisen an. Platten kann man auch auf Splitt verlegen. Dort tummeln sich keine Amei-

sen. Wenn alles versagt, hilft zuletzt die Chemie. Der Handel bietet viele Präparate an, von der Vergrämung bis zur Vernichtung der Ameisen – wenn es denn wirklich sein muss.

13.3.2 REGENWÜRMER

Ausgerechnet in optimal aufbereitetem Boden fühlt sich der Regenwurm wohl. Sein Vorkommen bzw. seine Bestandsdichte kann auf einen guten Boden hindeuten. Deshalb ist der Regenwurm eigentlich ein gern gesehener Helfer im Garten. Tritt er in Massen auf, kann er unschöne Erdhäufchen von 3 bis 6 cm Durchmesser hinterlassen. Das ist besonders bei kurz gemähtem, gut gepflegtem Rasen lästig und kann sogar zur Beeinträchtigung der Nutzung führen, wenn z.B. bei Sportrasen die Grasnarbe nicht mehr intakt ist.

3-6 cm große Erdhäufchen durch Regenwürmer.

Den Regenwurm zu bekämpfen, wäre Hohn. Legitim ist es aber, die Würmer, die nach durchdringender Bewässerung an die Oberfläche kommen, zu sammeln und sie - weit genug weg - z.B. auf einer Wiese oder im Wald wieder auszusetzen.

13.3.3 WÜHLMÄUSE

In den Gärten können Wühlmäuse großen Schaden anrichten. Sie graben knapp unter der Oberfläche Ihre Gänge und fressen Wurzeln ab. Das Nagen an den Wurzeln betrifft vorrangig Schäden an Bäumen oder Wurzelgemüse. Das Graben von Gängen schadet dem Rasen, weil große Hohlräume entstehen, die den Rasen an den betreffenden Stellen austrocknen lassen.

Es sind hauptsächlich zwei Arten von Wühlmäusen, die sich in unseren Breiten in Gärten zu schaffen machen: Die Schermaus, auch „große Wühlmaus" genannt, hinterlässt ihre Spuren durch sichtbar aufgeworfene Gänge, die zig Meter lang sein können. Wird ein Gang geöffnet, verschließt ihn die Schermaus sehr schnell wieder.

Die **FELDMAUS,** auch als „kleine Wühlmaus" bekannt, frisst Gras, Kräuter, Sämereien und Getreide. Die Tiere leben in dichten Kolonien in komplexen Erdbauen. Rasen oder Wiese sind oft dicht übersät mit Löchern. Die Feldmaus ist mit 9-12 cm deutlich kleiner als die Schermaus.

Die **BEKÄMPFUNG** von Wühlmäusen ist (vor allem bei größeren Gangsystemen) schwierig und kann langwierig sein. Bekämpfungsmöglichkeiten sind Fressköder, Fallen, Gaspatronen und Vergrämungsmittel. In jedem Fall muss vor der Bekämpfung der Wühlmaus sichergestellt sein, dass keine Maulwürfe Schaden nehmen, da diese unter Naturschutz stehen.

- **FRESSKÖDER** werden zur Wühlmausbekämpfung in den Mäusebau eingebracht und sorgen dafür, dass die Wühlmaus nach einer gewissen Zeit verendet. Bei sachgemäßer Anwendung ist es eine halbwegs wirkungsvolle Methode.
- Mit **WÜHLMAUSFALLEN** kann man direkt den Erfolg der Bekämpfungsaktion feststellen. Zudem schont die Bekämpfung mit Fallen die Umwelt, da keine giftigen Stoffe verwendet werden. Allerdings ist das Fallenstellen - und noch mehr das Entleeren - nicht jedermanns Sache.
- **GASPATRONEN** sind sehr wirksam, setzen aber auch sehr giftige Stoffe frei. Daher ist die Anleitung des Herstellers genau zu beachten.
- **VERTREIBUNGSMITTEL** sollen Wühlmäuse vom Grundstück vertreiben, nicht töten. Buttersäure, Kalziumkarbid, Rizinusöl und Holunderjauche vertreiben die Tiere durch den unangenehmen Geruch. Die Wirkung dieser Stoffe lässt allerdings oft schon nach kurzer Zeit nach. Akustische Wühlmausvertreiber senden niederfrequente Töne aus, die für die Tiere sehr unangenehm sind. Diese Geräte werden meist solar betrieben. Einige Fabrikate erzeugen zusätzlich Vibrationen, die die Vergrämungswirkung noch verstärken sollen.
- Wühlmaussperren werden, wie die Mauwurfsperre, direkt unter dem Fertigrasen verlegt. Da die Wühlmäuse Kunststoffe zerbeißen können, muss das Gitternetz aus Draht sein. Ich stehe diesen Systemen skeptisch gegenüber.

13.3.4 MAULWÜRFE

Im Gegensatz zur Wühlmaus ernährt sich der Maulwurf von Engerlingen, Regenwürmern und anderem Getier, das in der Erde lebt. An Pflanzen hat er kein Interesse und das macht ihn eher zum Nützling, wären da nicht die lästigen Maulwurfshügel, die der Insektenfresser aufwirft. Nicht einmal vor frisch gemähtem Zierrasen hat er Respekt. Und da sind die Hügel besonders ärgerlich.

Mit den heimischen Säugetierarten generell (Ausnahmen sind u.a. einige Mäuse- und Rattenarten), steht auch der Maulwurf in Deutschland unter Naturschutz. Er darf also nicht gefangen oder gar getötet werden. Nur die Vergrämung mit ökologischen Mitteln ist erlaubt. Siehe hierzu unter Wühlmäuse / Vertreibungsmittel. Die „Maulwurfsperre" hatten wir im Teil A bereits besprochen.

Feldmaus-Schaden.

FOTO: GERHARD ELSNER

Maulwurfhügel.

13.3.5 LARVEN

Insektenlarven können massive Schäden im Rasen anrichten. Besonders die Engerlinge, die einige Jahre im Larvenstadium leben.

Zu Beginn ihres Daseins ernähren sie sich von toter, organischer Substanz. Aber gerade die Engerlinge beanspruchen mit ihrem Wachstum auch mehr Nahrung und finden Geschmack an Pflanzenwurzeln. Bei massenhaftem Auftreten fressen Sie die Rasenwurzeln soweit ab, dass die Gräser vertrocknen und absterben. So extrem passiert es äußerst selten. Viel gravierender sind die Sekundärschäden:

Haben Vögel „den Braten" gerochen, gibt es kein Halten mehr. Auf der Suche nach den fetten Leckerbissen picken sie den ganzen Rasen ab. Besonders Krähen sind in dieser Hinsicht in Verruf geraten. Sie können eine völlig zerhackte Grasnarbe hinterlassen. Rasenflächen in Randbereichen bzw. in Waldnähe sind besonders durch Wildschweine gefährdet. Auf der Suche nach Nahrung pflügen sie den Rasen regelrecht um und hinterlassen eine Kraterlandschaft.

BEKÄMPFUNG: Ich fürchte, dieser Absatz wird Ihnen nicht gefallen: Eine chemische Bekämpfung ist schon lange verboten. Das ist auch gut so, denn mit den Giften würden auch Nützlinge unkontrolliert vernichtet. So bleiben einige biologische Möglichkeiten:

- Bei Dickmaulrüssler-Larven und bei verschiedenen Engerlingen, insbesondere von Gartenlaubkäfern, ist der Einsatz von **FADENWÜRMERN** (HM-Nematoden) sehr wirksam. Das setzt allerdings voraus, dass Sie wissen, um welche Larven es sich handelt. Die Nematoden parasitieren nämlich gezielt nur wenige Larvenarten. Die Fadenwürmer sind ziemlich empfindlich gegen Austrocknung. Bester Zeitpunkt, sie auszubringen, sind deshalb die Abendstunden, verbunden mit durchdringendem Wässern. So haben die Angreifer genügend Zeit, sich während der Nacht langsam in den Boden zu verkrümeln, wo sie ihre „Arbeit" aufnehmen. Je nach Larvenart setzt man Nematoden von April bis Oktober aus. Lässt die Larvendichte nach, reduzieren sich auch die Nematoden (Bezugsquellen von Nützlingen im Anhang).

- **ABLESEN:** Nachts kommen viele Larven zum Fressen an die Oberfläche. Das können Sie schamlos ausnutzen und, mit Taschenlampe bewaffnet, bis in die frühen Morgenstunden Larven ablesen. Gerade bei den großen Engerlingen von 4-5 cm ist das einfach.
- **INTENSIVE BEARBEITUNG:** Mähen Sie den Rasen in den frühen Morgenstunden (möglichst noch während der Dämmerung) sehr kurz, dann haben Sie sicher auch viele Larven im Fangkorb. Wenn vielleicht noch das Vertikutieren ansteht, wäre das eine sehr effektive Bekämpfungsmethode. Tagsüber ist das leider vergeblich, weil sich die meisten Larven im Wurzelraum aufhalten.

Bereiten Sie um der zwischenmenschlichen Beziehung Willen Ihre Nachbarn darauf vor, dass Sie morgens um vier Uhr mit Rasenmäher und Vertikutierer lautstark auf Larvenjagd gehen. Möglicherweise haben sie Verständnis - gemeinsame Feinde verbinden schließlich.

13.3.6 NOCH ZWEI TIPPS

■ **RECHEN SIE IM HERBST DAS LAUB REGELMÄSSIG AB**. Fällt das Herbstlaub, ist es eine gute Angewohnheit, es vom Rasen zu entfernen, sobald es abgetrocknet ist. Dann geht das vergleichsweise einfach. Bei großen Flächen tut ein Gebläse gute Dienste.

Liegt das Laub mehrere Wochen auf dem Rasen, womöglich noch nass, fördert es Pilzbildung und Fäulnis. Das Laub nimmt den Gräsern außerdem das Licht, auf das sie angewiesen sind.

■ **BEI FROST DEN RASEN NICHT BETRETEN.** Bei gefrorener Rasenfläche brechen die Grashalme und es entstehen Eintrittspforten für Krankheitserreger, besonders für Pilze. Da die Gräser sehr tief abbrechen, sind die Fußspuren oft noch im Frühjahr zu erkennen. Der Rasen braucht längere Zeit, bis er sich von diesen Frost-Trittschäden erholt hat.

14. RASENSANIERUNG OHNE UMBRUCH

Dieses Kapitel könnte manchen Rasenbesitzern viel Arbeit und Geld sparen. Aber was da so tief in den Köpfen steckt, hindert sie daran – und es ist weit verbreitet. Hier eine Auswahl gängiger Meinungen:

„Da kann man nichts mehr machen..."

„Hier hilft nur noch ein Bodenaustausch..."

„Mit neuem Fertigrasen hab ich endlich Ruhe..."

Wie Sie sehr verwilderte Rasenflächen wieder sanieren, ohne die übliche Prozedur mit Altrasen abschälen, Fläche umgraben usw., erfahren Sie in diesem Kapitel.

■ WAS IST BEI DER RASENSANIERUNG ZU TUN?

- Vorarbeiten
- gründlich vertikutieren und lose Pflanzenteile abharken
- Bodenverbesserungsmittel und Dünger aufbringen
- Neueinsaat mit Einarbeitung und walzen
- kräftig beregnen

Bevor wir jedoch loslegen, besprechen wir zuerst die Voraussetzungen, die erfüllt sein müssen, damit eine Sanierung auch zum Erfolg führt.

14.0.1 DIE BODENVERHÄLTNISSE MÜSSEN STIMMEN.

Ein optimaler Boden ist die wichtigste Voraussetzung für einen guten Rasen – gleich, ob es um Neuanlage oder Sanierung geht. Wir hatten das Thema „Bodenvorbereitung" im Teil A bereits ausführlich besprochen.

Wenn die Ursache für einen mangelhaften Rasen im Boden liegt, macht es keinen Sinn, zu sanieren. Übrigens macht es dann auch keinen Sinn, auf solche Flächen Fertigrasen zu legen – es wäre schade um das Geld. Bei einer Rasensanierung können Sie nur sehr begrenzt Bodenkorrekturen vornehmen. Deshalb müssen folgende Kriterien erfüllt sein:

- **DURCHLÄSSIGER BODEN.** Besonders bei schweren Lehm- und Tonböden sehe ich eine Sanierung ohne Umbruch eher skeptisch. Maximal 2 mm Sand und 5-8 mm Komposterde können Sie auftragen, ohne die alte Grasnarbe zu begraben. Das reicht aber bei weitem nicht aus, um bei besonders schweren Böden eine gute Durchlüftung zu erreichen. Ideal ist ein leichter, sandiger Lehmboden.

- **WASSERABZUG.** Haben Sie auf der alten Rasenfläche Pfützen oder Stellen, die extrem langsam trocknen? Hier ist zu entscheiden, ob der Rasen punktuell umgearbeitet und der Boden durch massive Sandbeimischung verbessert wird oder eine Drainage zu legen ist.

Der Boden muss tiefgründig sein. Es darf keine Sperrschichten durch Verdichtung oder Tonadern geben. Gegebenenfalls sind solche Sperrschichten zu durchbrechen. In hartnäckigen Fällen bohren Sie ein Loch mit einem Durchmesser von ca. 20 cm, einen Meter tief, und verfüllen es mit Kies, die oberen 30 cm mit leichtem Boden.

Bei Schäden durch extrem hohen Besatz von **WÜHLMAUS UND MAULWURF** bekämpfen Sie vor der Sanierung die Wühlmäuse und vergrämen die Maulwürfe (Siehe Kapitel „Tierische Schädlinge“). Durch die Bearbeitung der Fläche werden die Tiere möglicherweise für ein paar Tage vertrieben. Aber sie würden sehr bald wiederkommen.

■ **„EBENE FLÄCHE“** heißt nicht, dass die Fläche keine Neigung haben darf, im Gegenteil. Ein bewegtes Gelände ist lebendiger. Sind aber grobe Unebenheiten z.B. durch Setzungen entstanden, dann spricht dies eher für eine Neuanlage als für eine Sanierung, es sei denn, diese Setzungen sind nur punktuell und kleinflächig

Diese Fläche wurde Anfang Mai saniert …

… und hatte sechs Wochen später eine dichte Grasnarbe gebildet.

auszugleichen. Beim Auffüllen von Bodensetzungen mit fremdem Oberboden bedenken Sie, dass man solche Stellen später im Rasen meist erkennen kann. Hat der neue Boden eine wesentlich andere physikalische Struktur als der bestehende, wird er den Dünger unterschiedlich aufschließen. Auch die Gräser werden sich unterschiedlich entwickeln. Deshalb ist es wichtig, beim Füllboden auf eine ähnliche Bodenstruktur zu achten.

14.0.2 VORARBEITEN

1. KRÄUTERBEKÄMPFUNG

Bei hartnäckigem Kräuterbewuchs - besonders von Wurzelkräutern – reicht das Abschälen nicht aus. Selbst bei intensiver Pflege wären die unerwünschten Kräuter nur sehr mühsam und langwierig zurückzudrängen. In solchen Fällen halte ich den Einsatz eines systemischen Totalherbizids für vertretbar. Ab April sind diese Präparate anzuwenden. Drei bis vier Wochen nach erfolgreicher Behandlung können Sie die Rasensanierung durchführen.

2. MÄHEN Sie die Rasenfläche mindestens zwei bis drei Zentimeter tief. Die neue Einsaat braucht Raum und Licht, um sich zu entwickeln. Außerdem können Sie nach der Aussaat wenigstens drei Wochen nicht mähen.

3. Stellen mit **STAUNÄSS**e lockern Sie tiefgründig und durchstoßen ggf. die Sperrschichten (siehe Aerifizieren).

4. GRÜNDLICH VERTIKUTIEREN. Wenn ich von „gründlich“ spreche, dann hat das nichts mit der sonst üblichen Arbeitstiefe von 2-3 mm zu tun. Bei einer Rasensanierung geht es darum, die Grasnarbe aufzubrechen und Platz zu schaffen für die Neueinsaat. Das ist umso wichtiger bei Auftrag von Bodenverbesserungsstoffen wie Sand oder Komposterde, damit sie sich mit dem

Boden auch wirklich verbinden. Konkret heißt das: Mit maximaler Arbeitstiefe mindestens in zwei Arbeitsgängen kreuz und quer zu vertikutieren.

Es versteht sich, dass die üblichen, leichten Vertikutierer für diesen Einsatz zu schwach motorisiert und nicht robust genug gebaut sind. Für solche Einsätze sollten sie sich Profi-Geräte leihen. Anschließend harken Sie die losen Pflanzenteile mit einem Grasrechen sorgfältig ab. Vermutlich wird nicht sehr viel übrig bleiben. Falls es nötig ist, können Sie im Anschluss kleine Unebenheiten ausgleichen.

Nötigenfalls füllen Sie jetzt Erde in kleinen Senken auf.

Nachdem die Vorarbeiten erledigt sind, beginnen Sie mit der Sanierung. Achten Sie darauf, dass die Rasenfläche gut abgetrocknet ist. Das erleichtert Ihnen die Arbeit wesentlich. Während der Arbeiten muss es natürlich auch trocken sein – aber Sie würden schon merken, wenn die Erde an den Schuhen und der Grassamen an der Walze klebt...

14.0.3 BODENVERBESSERUNGSMITTEL AUFBRINGEN

Rasenflächen, denen über viele Jahre organische Substanz entzogen wurde, beleben Sie mit einer Kompostgabe von 5-8 Litern je qm (5-8 mm starke Auflage). Der Kompost wird das Bodenleben aktivieren und dem Rasen regelrecht einen Wachstumsschub geben. Bei schweren Böden bringen Sie nötigenfalls noch bis zu 3 mm stark Sand auf, also maximal drei Liter je qm.

Zur Grunddüngung verwenden Sie einen phosphorbetonten Dünger, im Handel allgemein als Starter-Dünger angeboten. Meist werden ca. 30 Gramm je qm gestreut. Die genaue Aufwandmenge entnehmen sie dem jeweiligen Packungsaufdruck.

Kompost mit dem Rechen verteilen.

14.0.4 EINSAAT

Der Handel bietet spezielle Nachsaatmischungen an. Ich verwende die gleiche Mischung wie für Neuanlagen. Zum einen sind sie wirtschaftlicher, zum anderen kann ich Restmengen aufheben und später auch für andere Flächen wiederverwenden. Die Einsaat erfolgt, wie im ersten Teil „Neuanlage“ detailliert beschrieben. Nach der Einsaat arbeiten Sie den Samen mit dem Rechen ein und Walzen die Fläche.

■ **EINE DURCHDRINGENDE BEWÄSSERUNG** in den ersten Tagen ist auch hier entscheidend für den Erfolg.

Die **GÜNSTIGSTE ZEIT** für eine Rasensanierung ist - wie bei der Neueinsaat - im Frühjahr und Frühherbst, jedenfalls nicht während Hitzeperioden im Hochsommer.

■ **WIE LANGE BRAUCHT DER RASEN?** Unter optimalen Bedingungen können Sie den Rasen nach einer Sanierung früher nutzen, als nach einer Neueinsaat. Das liegt daran, dass die vorhandenen Gräser sozusagen eine stabile „Vorhut“ bilden und die neu gekeimten Gräser im Schutze der „Großen“ wachsen können. Im Idealfall ist die sanierte Fläche nach 6 Wochen wieder nutzbar.

14.1 ...UND LOS!

Sicher brennen Sie jetzt darauf, alles gelernte in die Tat umzusetzen, vieles zu probieren und so mancher gute Vorsatz wird auch geboren sein. Ob bei der Arbeit oder im Liegestuhl: Ich wünsche Ihnen viel Freude in Ihrem Garten - denn dazu haben Sie ihn.

Ihr Hans Löwer

Frisch verlegter Rasen auf leicht bewegter Geländemodellierung

15. ANHANG

BEZUGSQUELLEN

■ BODENANALYSE:

www.Bodenanalyse-Zentrum.de

www.biogartenversand.de
(Untersuchungskit R1 des „Institut Kodingen“)

www.landwirtschaftskammer.de/lufa/analysen/boden/index.htm

■ NÜTZLINGE:

www.nuetzlinge.de Sautter & Stepper, 72119 Ammerbuch. Der Spezialist für Nützlinge.

www.neudorff.de

■ BEREGNUNGSANLAGEN AUSSERHALB DES BAUMARKT-ANGEBOTES:

www.hunter-beregnung.com

www.beregnung24.de
(Beregnungsanlagen von Hunter)

www.perrot.de

■ INTERESSANTE ADRESSEN UND LINKS

www.deingruen.de/ Eine informative Webseite des Autors rund um den Garten, mit Schwerpunkt-Thema Rasen.

www.rasengesellschaft.de/ Deutsche Rasengesellschaft e.V. mit vielen interessanten Beiträgen

www.pflanzenschutz-hausgarten.de/
Das Dienstleistungszentrum ländlicher Raum Rheinpfalz stellt eine aktuelle Datenbank und viele Tipps bereit.

http://www.hortipendium.de
Ein umfassendes Gartenbau-Lexikon (ebenfalls vom Dienstleistungszentrum ländlicher Raum Rheinpfalz).

www.bvl.bund.de
Bundesamt für Verbraucherschutz und Lebensmittelsicherheit (BVL) mit vielen Infos und amtlicher Datenbank zugelassener Pflanzenschutzmittel.

15.0.1 ÜBER DEN AUTOR

Hans Löwer, Jahrgang 1954, war nach seiner Ausbildung zum Landschaftsbau-Techniker für fünf Jahre als Kreisfachberater im öffentlichen Dienst. Später spezialisierte er sich als selbständiger Unternehmer im Bereich Rasen und Bäume.

Heute lebt der Autor in Kleinwallstadt am Main. Seine praktischen Erfahrungen rund um den Rasen gibt er in dem vorliegenden Ratgeber und auf seiner Info-Seite gerne weiter (www.deingruen.de).

Als Praktiker vermittelt er sein Wissen und seine langjährige Erfahrung in Rasenseminaren - unabhängig von Sponsoren, Herstellern oder Vertriebsagenturen.